辫状河型冲积扇沉积体系及优质储层分布模式
——以准噶尔盆地西北缘白杨河现代冲积扇为例

靳　军　纪友亮　杨　召　高崇龙　雷海艳　等著

中国石化出版社

内 容 提 要

本书以沉积学理论为基础，以储层地质学理论为指导，综合利用野外露头、探槽、粒度分析、卫星图像、区域地质资料等，对准噶尔盆地西北缘现代白杨河冲积扇岩相特征、微相类型及相带展布进行识别与划分，并建立其沉积模式，明确优质储层分布规律，解决了冲积扇沉积演化特征及其砂砾岩储层成因的难点问题。为在砂砾岩油藏的勘探开发中，预测冲积扇成因的优质储层分布提供理论依据。

本书适合从事沉积学、储层地质学的科研人员及高等院校相关专业师生参考阅读，也可以为广大石油地质工作者提供参考。

图书在版编目(CIP)数据

辫状河型冲积扇沉积体系及优质储层分布模式：以准噶尔盆地西北缘白杨河现代冲积扇为例/ 靳军等著 . —北京：中国石化出版社，2018. 11
ISBN 978-7-5114-5066-1

Ⅰ. ①辫… Ⅱ. ①靳… Ⅲ. ①准噶尔盆地-冲积扇-沉积体系-研究 ②准噶尔盆地-油气-储集层-研究 Ⅳ. ①P618. 130. 2

中国版本图书馆 CIP 数据核字(2018)第 233481 号

中国石化出版社出版发行
地址：北京市朝阳区吉市口路 9 号
邮编：100020 电话：(010)59964500
发行部电话：(010)59964526
http://www.sinopec-press.com
E-mail:press@sinopec.com
北京建宏印刷有限公司印刷
全国各地新华书店经销
*
787×1092 毫米 16 开本 12 印张 259 千字
2018 年 11 月第 1 版 2018 年 11 月第 1 次印刷
定价：108.00 元

《辫状河型冲积扇沉积体系及优质储层分布模式
——以准噶尔盆地西北缘白杨河现代冲积扇为例》

编写人员

靳 军	纪友亮	杨 召	高崇龙	雷海艳
周 勇	徐 洋	李璐璐	刘大卫	蒋 欢
张晓刚	桓芝俊	邹志文	段小兵	连丽霞
杨红霞	王桂君	王 剑	谢礼科	刘 金
马 聪	孟 颖	陈 俊	张 娟	尚 玲
鲁 锋	胡广军			

序

冲积扇砂砾岩体是反映地质历史中关键构造—气候事件的重要标志，同时也是重要的油气储集体。在我国几乎所有中、新生代含油气盆地中均有不同规模的冲积扇分布，近年来在准噶尔盆地西北缘，盆地边缘及玛湖凹陷内二叠系—三叠系冲积扇砂砾岩地层中更相继发现一系列高产油田，进一步充分说明了冲积扇沉积与油气储层有着密切的联系。因此，明确冲积扇砂砾岩体沉积微相类型、岩相特征、砂砾岩体叠置构型、平面展布和沉积模式等对油气勘探具有重要的意义。

为此，以本专著主编为首的科研团队，试图通过对现代冲积扇的详细研究和解剖，建立冲积扇的沉积微相模式和优质储层的分布模式。准噶尔盆地西北缘白杨河流域发育现代冲积扇，露头条件好，人为改造较少，是研究现代冲积扇的理想地区。通过白杨河的天然侵蚀剖面和挖掘大型探槽，该科研团队对其进行了详细测量和解剖，并取得了一系列的创新成果，如建立了河流型冲积扇的沉积模式，确定了各微相的识别标志，总结出冲积扇内部优质储层展布规律等。

此次研究有三个方面的特色：①填补了准噶尔盆地河流型冲积扇精细野外地质露头测量的空白。此次挖掘5m深、5m宽、50m长的横向探槽9条，并选取了121个自然侵蚀剖面进行了精细地实测和剖面刻画，建立了河流型冲积扇的沉积模式。②研究手段先进、系统。研究中除运用了传统的测量、素描、样品分析等传统技术手段外，还运用了现今较先进的移动GPS仪、露头激光扫描仪、野外测量仪等先进的数字化露头数据采集技术，并开展了物理模拟实验。③系统地把野外露头特征与井下沉积特征做对比。单纯应用岩心及测井资料进行地下冲积扇体研究难度大，精度也难以满足勘探需要。通过白杨河现代冲积扇精细解剖建立的储层结构、叠置及分布模式与百口泉油田和艾湖油田进行井下对比，进而指导了地下储集体预测。可以预见，该系列成果也将有效地指导油藏的开采以及油田后期生产开发。

　　本书的出版对指导盆地内冲积扇砂砾岩体油气勘探与开发及完善冲积扇沉积模式具有重要的意义，对于广大的石油地质科技工作者也有重要的参考价值。

中国科学院院士：王成善

前　　言

　　冲积扇是间歇性洪流流出山口时，由于地形急剧变缓，水流向四方散开，流速骤减，碎屑物质大量堆积而形成的扇状或锥状粗粒沉积体。目前国际上主要依据沉积机制差异将冲积扇划分为以泥石流建造为主的泥石流型冲积扇和以牵引流建造为主的河流型冲积扇两大类。相较于其他沉积体系而言，冲积扇复杂的沉积机制及演化过程对盆地构造活动、物源变迁及气候变化等具有更为敏感的响应，是揭示盆山耦合关系、盆地充填过程、气候旋回性变化的重要线索。冲积扇砂砾岩体也是全球陆相含油气盆地内部一类重要的储集体类型。在中国几乎所有中、新生代含油气盆地中均分布有不同规模的冲积扇相油气储集层，其占我国碎屑岩储集层的6.9%，勘探潜力巨大。其中以准噶尔盆地西北缘二叠系乌尔禾组及三叠系百口泉组、克拉玛依组砂砾岩油藏规模最大，成为国内外最具代表性的大型冲积扇相油气藏。而冲积扇砂砾岩储层以其非均质性显著为最典型的特征，其非均质性一方面是由埋藏期差异成岩作用造成的，但更为关键的是其沉积非均质性，即冲积扇砂砾岩体内部复杂的岩相变化及不同成因的沉积单元在形态、规模、方向及叠置关系上的复杂变化。因此，本书的编写不仅能推进沉积学和储层地质学的理论发展，同时也为国内外各陆相盆地边缘冲积扇相粗粒沉积体的油气勘探开发提供理论依据。

　　尽管冲积扇在各类地质背景下均可发育，如半干旱－干旱区、温暖湿润的亚热带－热带区、高山区及南北极冰原冻土区，甚至是地外星系。但由于其沉积过程复杂且受多种因素控制而往往具有"千扇千面"的特点，因而很难建立一个普遍适用且高度概括的沉积模式。同时冲积扇的形成往往具有阵发性、灾难性，难以实时观测，而其复杂的沉积物负载条件及水动力条件变化也使得数值模拟和实验模拟方法难以匹配自然界真实的扇体发育过程。此外，由于冲积扇多为粗粒沉积体，岩相差异相对变化小且变化频繁复杂，使得钻井、测井及地震资料在埋藏扇体研究中应用较局限。因此，从"将今论古"原则出发，现代沉积解剖对于研究特定地质背景及气候条件下发育的冲积扇至关重要。据此，本书以准噶尔盆地西北缘现代白杨河冲积扇为例，通过大量野外露头剖面的精细解剖、实测及采样粒度分析，为河流型冲积扇这一类型扇体的研究提供了大量且翔实的一手资料。

本书首先对目前国际上冲积扇的研究现状及研究进展进行了较为系统和全面的总结，而全书研究内容的重点在白杨河冲积扇的沉积特征、沉积模式、扇体内部优质储层特征及扇体演化的控制因素这四个方面。在沉积特征方面，主要介绍了白杨河冲积扇内部的岩相类型及其搬运沉积机制、亚相划分依据及特征、微相类型及其沉积特征和扇体不同部位岩相及微相的展布规律。在沉积模式方面，主要分洪水期和间洪期两个形成期次进行河流型冲积扇沉积演化模式的建立，并明确河流型冲积扇内部构型单元划分方案。在扇体内部优质储层特征方面，主要分析优质储层的岩相类型、沉积成因及分布规律。而在扇体演化控制因素方面，主要结合前述研究内容及卫星图像、区域地质资料和前人成果等对白杨河冲积扇地貌形态及沉积演化的静态和动态控制因素进行了详细的探讨。

本书第一章由高崇龙、纪友亮、周勇主笔，第二章由靳军、段小兵、徐洋、李璐璐主笔，第三章由杨召、桓芝俊、蒋欢、张晓刚主笔，第四章由纪友亮、靳军、邹志文、连丽霞、杨红霞主笔，第五章由王剑、高崇龙主笔，第六章由靳军、纪友亮、王桂君、谢礼科、刘金主笔，第七章由杨召、纪友亮、马聪、孟颖、陈俊主笔，第八章由高崇龙、刘大卫、张娟、尚玲、鲁锋、胡广军主笔，第九章由纪友亮、刘大卫主笔，第十章由纪友亮、高崇龙主笔。此外，张宸赫、罗妮娜、周淋、刘天意、张艺楼、吕文睿等做了大量的资料搜集、图件编绘及文字整理工作。靳军、纪友亮、杨召、高崇龙、雷海艳等对全书进行了统稿和审核。

本书的出版得到了中国石油新疆油田公司实验检测研究院的资助。本书是在结合前人对现代及古代冲积扇沉积和储层等方面的分析研究的基础上，经系统总结、提炼而完成的。目的不仅是要全面展示目前新疆油田在冲积扇相砂砾岩油藏方面的研究成果，更重要的是要向广大的沉积学及石油地质工作者系统介绍河流型冲积扇沉积特征及沉积模式的研究进展和动向，为广大地质学科研究者提供一部可借鉴的参考书，并为准噶尔盆地西北缘二叠系及三叠系砂砾岩油藏下一步勘探开发提供理论依据。

由于作者水平有限，书中难免存在不足和不当之处，敬请读者批评指正。

目　　录

第一章　冲积扇研究现状及进展

　　冲积扇为河（洪）流流出山口散开而形成的锥形或扇形粗粒沉积体。近年来，随着地质科学研究技术手段的不断进步及地质矿产资源与水资源勘探开发、土木工程、地质灾害预防等方面需求的日益增长，特别是火星表面扇形沉积体的发现，使得国际上对冲积扇的研究热度不断增加。整体上，冲积扇的形成和发育环境多样，沉积过程及控制因素较为复杂，进而造成不同地质背景和影响因素控制下冲积扇的地貌形态及沉积演化模式存在较大差别（图1.1）。

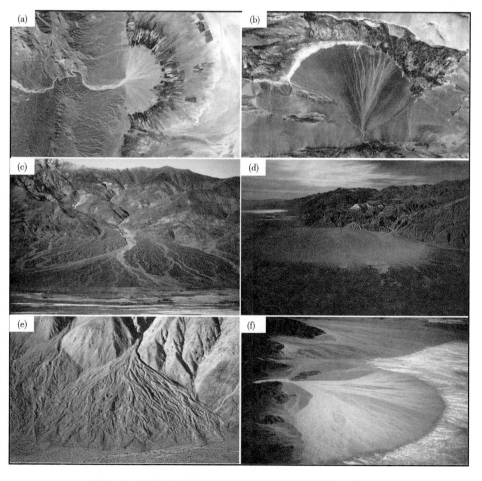

图1.1　现代不同地貌形态及沉积特征的山前冲积扇沉积

第一节　冲积扇研究历史及进展概述

自 Drew 于 1873 年提出"alluvial fan"一词以来，冲积扇这一沉积体系经历了近 150 年的研究历史。但受地貌学及沉积学本身发展的影响，冲积扇经历了以"演化论"和"过程研究"为主的两个研究阶段（李新坡，2007）。按照 Rachochi 的意见（Rachochi，1981），这两个阶段划分以 1963 年为界。

第一阶段，受 Davis"地形循环理论"的影响，研究者（Gilbert，1875；McGee，1897）认为冲积扇是沙漠地区的第二景观，并认为冲积扇只是地形循环处于青年期的暂时现象，随着地形演化，冲积扇将遭受切割和破坏。另外值得一提的是，在这一阶段学者们开始注意到了冲积扇的坡度特征与冲积扇粒度组成之间的关系（Blissenbach，1952），并建立了冲积扇物质组成与其地貌特征间的联系。

第二阶段，1963 年至今，是冲积扇研究的大发展时期，在研究范围及研究内容等方面有了极大的拓宽。冲积扇研究范围涵盖了地球上的各类环境条件（Blair，2009；Harvey，2011），甚至向地外星体拓展（Moore，2005；De Haas，2013）。除传统的地质分析方法外，研究技术手段也更加多样化，包括水槽实验模拟（Hooke，1993；Harvey，2002；Clarke，2010；Hass，2015）、计算机数值模拟（Coulthard，2002；Clevis，2004；Nicholas，2009）、相对年代估算和测年技术（Mcfadden，1989；Porat，1997；Farraj，2000；Hsu，2004）、遥感和探地雷达技术（Farr，1996；Miliaresis，2000；Staley，2006）及矿物磁性方法（Pope，2000）、（碳氧）同位素方法（Dorn，1987）、重矿物方法（Stimson，2001）等。这些先进技术手段的出现和应用使得这一阶段有关冲积扇的各方面研究成果颇为丰富，极大地深化了对冲积扇形成条件、地貌演变、沉积过程、沉积模式、控制因素等方面的认识。

然而由于在冲积扇内部的资源矿产量相对其他类型沉积体如河流、三角洲等较为匮乏（Nilsen，1981），因此在 20 世纪 60 年代前有关冲积扇的报道相对较少（Blair，2009），但随着地质灾害、土木工程、水文地质学、沉积学、石油地质学等多学科的发展，特别是近来火星表面扇形沉积体的发现（图 1.2）（Moore，2005）使得国际上冲积扇的研究热度逐渐增加，并正逐渐成为地质学领域的一研究热点。而冲积扇作为盆地边缘一类重要的沉积体系是"源—汇"系统中"源"位研究的关键。相较于其他沉积体系，冲积扇复杂的沉积机制及演化过程对盆地构造活动、物源变迁及气候变化具有更为敏感的响应，是揭示盆山耦合关系、盆地充填过程、气候旋回性变化的重要线索（Harvey，2005；Kraus，2015；Chen，2017）。

特别的是，冲积扇砂砾岩体是陆相沉积盆地中一类重要的油气储集体类型。尤其在中国，几乎所有的中、新生代含油气盆地中均分布有不同规模的冲积扇砂砾岩体储层，冲积

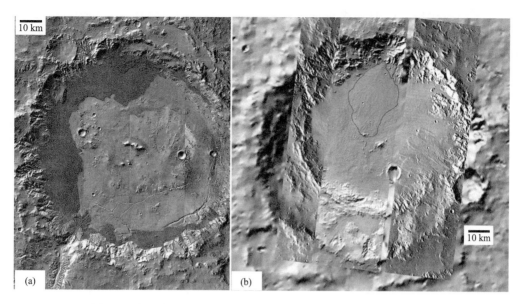

图 1.2　火星表面发育的冲积扇沉积体卫星图像（据 Moore，2005）

扇储层油气储量约占我国油气总储量的 6.9%（裴怡楠等，1997；徐安娜等，1998）。我国自 20 世纪 60 年代开始在冲积扇的地貌特征、发育背景等方面出现了具有一定意义的研究成果（邢嘉明，1963），但自 80 年代开始，随着准噶尔盆地西北缘克拉玛依油田二叠系及三叠系冲积扇砂砾岩油藏的发现（图 1.3），有关冲积扇的沉积特征及沉积模式才开始进入较为系统的研究阶段（任明达，1983；张纪易，1985；杨文才，1989），其中张纪易（1985）在调查克拉玛依油田三叠系现代冲积扇的基础上所建立的干旱型冲积扇沉积微相模式最为全面，同时也对中国冲积扇沉积学产生了深远的影响，并对油田早期勘探开发起

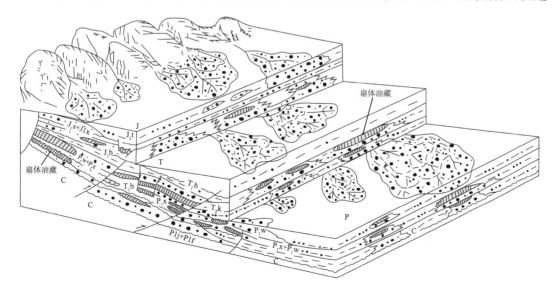

图 1.3　准噶尔盆地西北缘前陆冲断带内部扇体成藏模式（据蔚远江，2007）

到重要的指导作用。后期众多学者（关维东等，1992；刘顺生等，1999；黄彦庆等，2007；李国永等，2010；白振华等，2011；王建新等，2011）均以这一微相模式进行埋藏冲积扇的研究。而国内冲积扇另一具有里程碑性的认识为吴胜和在 2012 年应用克拉玛依油田丰富的密集井网和邻近露头资料所建立的冲积扇内部构型模式，这一构型模式的提出大大细化了冲积扇砂砾岩体内部储层的成因划分，更为科学和系统地阐述了冲积扇的沉积过程。这一构型模式提出后，国内众多学者开始逐渐以这一模式为基础进行现代及埋藏冲积扇的研究（王晓光等，2012；印森林等，2013；冯文杰等，2015）。同时随着油气勘探的深入，有关冲积扇砂砾岩体的高分辨率层序地层学研究（李国永等，2010；方正伟等，2015）、定量储层地质模型研究（曹宏等，2000）、冲积扇地质建模（李君等，2013）、冲积扇地震响应分析（陈礼等，2013）、冲积扇砂砾岩体储集层质量及成岩研究（伊振林等，2010；斯春松等，2014）等方面均取得了丰富的研究成果。

从时间尺度上看，冲积扇自太古代直至现今在地层中均有记录和保存（Minter，1978；Kingsley，1984）。而冲积扇在各类地质背景下均可发育（Cain，2009；Viseras，1993；Blair，2009；Hornungm，2010；Harvey，2011），如半干旱－干旱区、温暖湿润的亚热带－热带区、高山区及南北极冰原冻土区，甚至是地外星系。但由于冲积扇沉积过程复杂且受多种因素控制而往往具有"千扇千面"的特点，因而很难建立一个普遍适用且高度概括的沉积模式（Blair，2009；Ventra，2014；余宽宏等，2015；De Haas，2015）。同时冲积扇的形成往往具有阵发性、灾难性（Blair，2009），难以实时观测，而其复杂的沉积物负载条件及水动力条件变化也使得数值模拟和实验模拟方法难以匹配自然界真实的扇体发育过程。此外，由于冲积扇多为粗粒沉积体，岩相差异相对变化小且变化频繁复杂，使得钻井、测井及地震资料在埋藏扇体研究中应用较局限。因此，从"将今论古"原则出发，现代沉积解剖对于研究特定地质背景及气候条件下发育的冲积扇至关重要（Harvey，2005）。

第二节　冲积扇基本地貌特征及单元构成

冲积扇发育于山前地带，其形态特征较为典型并且易于识别。冲积扇平面呈扇状、半圆形，或由于邻近扇体间相互接触或地貌限制而使得扇体发育相对受限并呈狭长的锥形体或舌状体。当山前带较为平直时，围绕整个山前带多个扇体可相互合并、叠置形成连片的山前冲积扇裙或冲积斜坡（Blair，2009；朱筱敏，2012），但各个扇体具有其各自独立的物源体系（图1.4）。剖面上，纵切冲积扇体剖面呈下凹透镜状或楔形，但常由于后期新构造运动、沉积基准面变化或气候变化使得纵剖面可能呈现多级坡度的特征（Bull，1964；Blair，2009）［图1.5（a）］。横切冲积扇体剖面呈向上凸起的透镜状，并且越靠近扇顶部位凸起的幅度越大，越靠近扇缘部位凸起幅度越小，同时由于后期的侵蚀及沉积期扇朵体分布不均，造成扇体横切面并非全部呈现出对称的形态［图1.5（b）］。

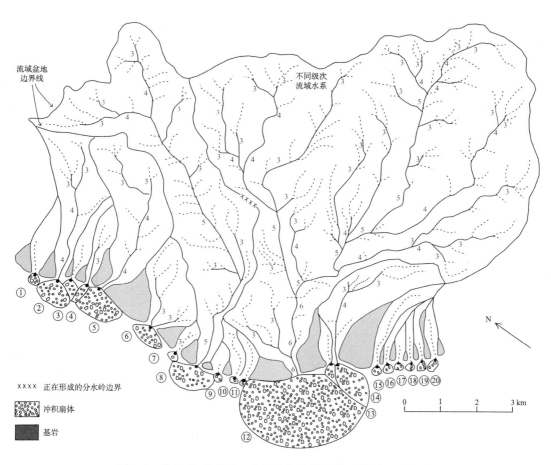

图 1.4　美国 Death Valley 内部连片冲积扇群（据 Blair，2009）

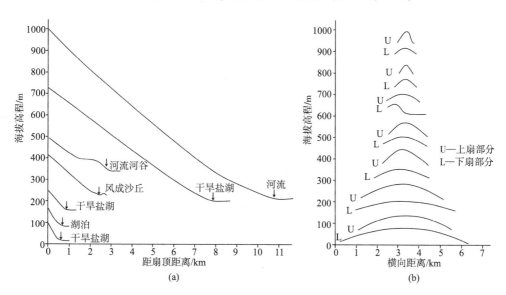

图 1.5　冲积扇纵剖面（a）与横剖面（b）形态特征（据 Blair，2009）

冲积扇几何形态往往与盆地边界处构造背景具有重要的相关性，Bull（1972）依据冲积扇轴向剖面形态将其划分为三种类型：①楔形，即靠近造山带一侧沉积厚度大，而远离造山带一侧厚度小，这一形态特征反映山体的隆升早于扇体的形成 [图1.6（a）]；②透镜状，即靠近山体一侧及远离山体一侧扇体厚度均较小，反映冲积扇沉积过程中山体处于持续隆升状态 [图1.6（b）]；③反楔形，即靠近山体一侧厚度小而远离山体厚度大，反映扇根处的长时间剥蚀产物重新沉积于扇缘位置，通常与山体的侵蚀作用有关。

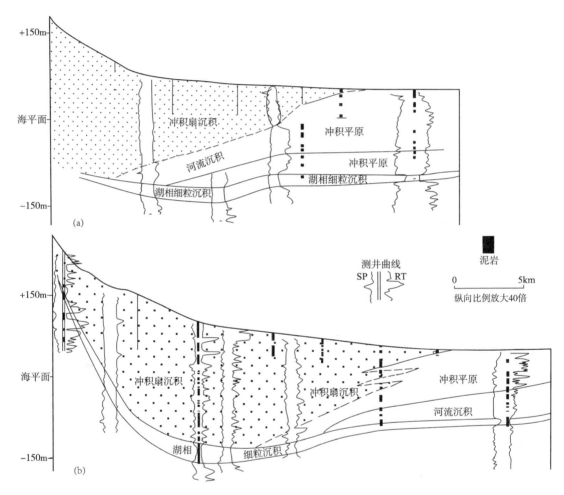

图1.6 美国 Death Valley 内部连片冲积扇群（据 Blair，2009）

冲积扇山前延伸距离一般在 0.5 ~ 20km 之间，面积一般 <100km²（Anstey，1966；Balir，2003），而巨型河流型冲积扇（fluvial megafan）延伸长度可达上百千米，面积可达 $10^3 ~ 10^6 km^2$，如印度北部喜马拉雅山前 Kosi 河流冲积扇（Gole，1966；DeCelles，1999；Leier，2015）及非洲南部 Okavango 冲积扇（Stanistreet，1993）。其中 Okavango 冲积扇轴向延伸距离可达 150km，是目前世界上识别出的最大的冲积扇体。而冲积扇沉积厚度范围可从几米到上万米，如挪威西部 Hornelen 盆地泥盆纪冲积扇体厚度可达 25000m（Steel，

1976）。冲积扇扇面坡度一般在 2°～35°之间，大部分在 2°～20°之间（Denny，1965；Bull，1977），但非洲南部 Okavango 冲积扇地形坡度仅 0.00036°（Stanistreet，1993），是目前识别出的冲积扇最小坡度，但部分学者认为地形坡度在 0.4°以下的沉积体均应归属河流沉积体系（据 Blair，2009）。如果不考虑沉积后构造活动及侵蚀作用，冲积扇的扇面坡度可称为"沉积坡度"（depositional slope）（Blair 和 Mcpherson，1994）。而依据扇体纵向剖面坡度的变化特征，可以将扇体划分为扇根、扇中和扇缘三部分（据 Bull，1964）（图 1.7）。

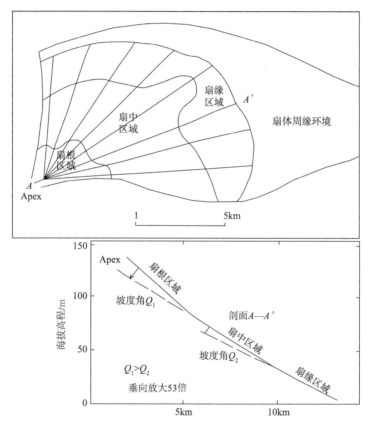

图 1.7　冲积扇形态类型示意图（据 Bull，1964）

尤为重要的是，一个完整的河流型冲积扇沉积体系并非仅包含山前孤立的锥形或扇形沉积体，而在其上游方向存在与之对应的集水区（catchment）或称流域盆地（drainage basin）（Blair，2009；钟大康，2016）（图 1.8）。扇体建造所需的沉积物和水均来自于这一区域。而在流域盆地内部又发育数量众多且规模级次不等的水系，这些水系最终汇聚成一条主水系流出山口，将携带的沉积物搬运至扇体发生沉积作用，因此流域盆地内这一主水系也称为补给河道（feeder channel）。一般而言，山前的每一个扇体都有其各自独立的流域盆地，同时扇体周缘可发育轴向河流、湖泊、沙漠及湿地等沉积环境（Hillier，2011；Rossetti，2012；Trendell，2013）。

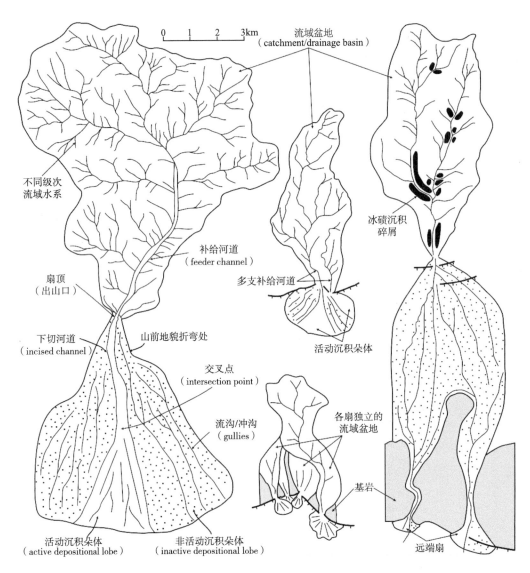

图 1.8　典型河流冲积扇扇体地貌单元构成（据 Blair，2009）

　　具体而言，河流型冲积扇扇体表面可发育下切河道（incised channel）、活动沉积朵体（active depositional lobe）和非活动沉积朵体（inactive depositional lobe）三部分（Scholle，1981；Blair，2009；Harvey，2011；）（图 1.8）。其中流体流出下切河道开始发散的点称为交叉点（intersection point），而在非活动朵体内常发育有源头直接在扇面且不断溯源侵蚀的冲沟或流沟（headward erosion gullies）。其中，冲积扇下切河道的存在对扇体形态及地貌特征具有重要的意义。下切河道可以通过从流域盆地搬运碎屑沉积物流体至距造山带前具有一定距离的活动沉积朵体，进而促进扇体的进积，因此下切河道往往在扇体上具有较远的轴向延伸距离。这一类型的扇体在扇根部位往往具有面积较大的过路及未沉积区（图1.9）。值得注意的是，并非所有扇体均发育下切河道，但下切河道的存在对扇体的进积具有重要意义（Scott，1973；Holbrook，2012；Li，2013）。

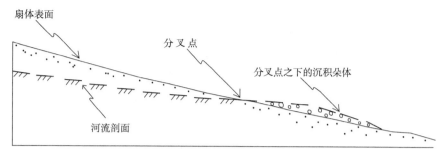

图 1.9   冲积扇形态类型示意图（据 Bull，1964）

第三节   冲积扇类型划分

尽管冲积扇在各种地质背景下均有发育，而其演化过程及控制因素又较为复杂，往往具有"千扇千面"的特征（余宽宏，2015），使得目前国内外在冲积扇类型的划分上仍存在一定争议（Decelles，1991；Kelly，1993；Leier，2005；Blair，2009），但随着冲积扇研究的不断深入，冲积扇类型的划分也不断完善和更新。目前冲积扇类型主要按扇体发育位置、气候、相序层序及沉积机制等进行划分，而 Blair 在 2009 年综合冲积扇发育的流域盆地剥蚀碎屑物质性质、原始沉积过程及扇体结构，将冲积扇划分为 13 种类型，使得冲积扇分类相对更为全面。

一、按扇体发育位置冲积扇类型划分

由于冲积扇往往在同构造活动期或构造活动期后形成，活动造山带地貌斜坡底部发育，因此按扇体在整个造山带内部分布位置可划分为造山带山内扇体、造山带山间扇体及造山带山外扇体三种类型（Nilsen，1981）。其中山内扇体最为普遍，数量也最多，但由于造山活动不断进行，山体持续抬升剥蚀，这一类型的扇体在地层记录中往往难以保存下来。相较于此，山间扇体及山外扇体往往更易保存，但在地层记录的解释中，特别当仅用钻井资料的情况下，这两种扇体往往容易和山前碎石堆、坡积物、山前滑坡、山体崩塌及河流冲积平原相混淆，并难以区分（Nilsen，1981）。

二、按气候条件冲积扇类型划分

冲积扇按气候条件可划分为湿润型和干旱型两种类型（Nummedal，1978；Galloway，1983；Chorley，1984；Reading，1996），这两种类型冲积扇在扇体河流性质、扇体半径、沉积厚度、坡度、河床分布格局、沉积物分布、垂直层序等方面均有较大差异（Friedman，1978；朱筱敏，2012）（图1.10），其中最本质的区别在于河流的性质。干旱型冲积扇以间歇性洪水沉积为主，多以泥石流形式沉积；湿润型冲积扇以常年河流为主，多以河流形式沉积（Schumm，1977；McGowen，1979；Miall，1981）。从全球泥石流沉积记录来看，泥石流可发育于各种气候条件下，并非仅局限于干旱条件（Blair和McPherson，1994；De Haas，2014），同时在一些极度干旱条件下冲积扇内部仍有以河流作用为主的沉积记录（Blair，1999），而在大区域半干旱条件下一些扇体甚至可表现出湿润气候下的植被及水系发育特征（Stanistreet，1993），可见这一分类方案并不可靠，同时，除气候外，源区构造活动性强度、沉积物源性质，特别是泥质含量等多种因素均会强烈影响冲积扇的形成和演化过程（Decelles，1991；Agarwal，1992；Ritter，2000；Staley，2006），因此目前这一冲积扇类型划分方案逐渐被弃用（Blair，2009）。

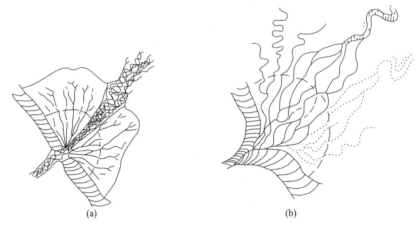

图1.10　干旱型（a）和潮湿型（b）冲积扇平面分布图（据Galloway，1983）

三、按相序层序演化冲积扇类型划分

按冲积扇垂向相序演化及层序地层结构分析，冲积扇可进一步划分为进积型冲积扇和退积型冲积扇（Heward，1978；赵澄林，2001）。进积型冲积扇地层厚度向上变厚，粒度变粗，反映扇体向盆地方向推进的过程；退积型冲积扇地层厚度向上变薄，粒度变细，反映扇体向造山带一侧后退的过程（图1.11）。而冲积扇的进积与退积过程是由沉积物物源供给和可容空间变化决定的，反映了构造、气候及物源等因素综合作用的结果。进积型冲积扇碎屑沉积物供给速度大于可容空间增长速度，自下而上呈现扇缘、扇中、扇根依次叠置的进积型相层序；而退积型冲积扇与进积型冲积扇相反，物源供给速度小于可容空间增长速度，因此自下而上呈现扇根、扇中、扇缘依次叠置的退积型相层序。

四、按主体沉积机制冲积扇类型划分

冲积扇形成机制相较于其他类型沉积体较为有限，使得冲积扇内部沉积物变化多样性降低。形成扇体的主要沉积作用机制可划分为两类，即河流型沉积机制（stream flow processes）和泥石流型沉积机制（debris flow processes）（Nilsen，1981）。因此依据这两类沉积机制，可将冲积扇划分为河流扇（fluvial dominated fan）及泥石流扇（debris flow dominated fan）（Kostaschuk，1986；Blair，1994）两大类。

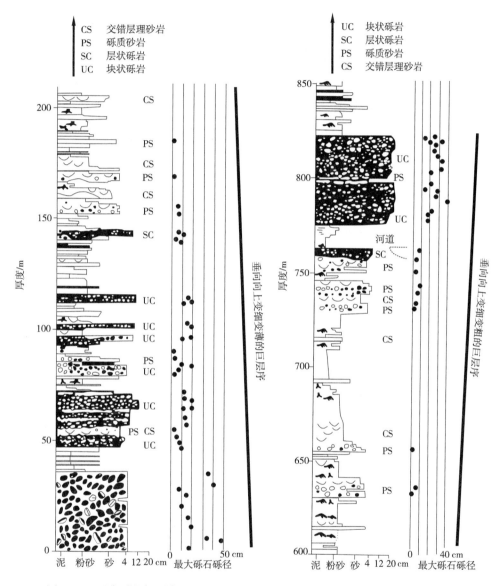

图 1.11 西班牙北部石炭系退积型和进积型冲积扇垂向旋回（据 Heward，1978）

河流扇形成过程主要以牵引流性质的河流系统为主，碎屑沉积物呈悬浮、跳跃及滚动方式搬运，但整个形成过程可以呈河道化状态，也可呈非河道化状态（片流）。泥石流扇的形成主要以内部富含大量泥质的高密度黏性流体沉积为主，碎屑沉积物在流体内部呈悬浮状态搬运（Johnson，1970）。

河流扇按河流体系类型又可进一步细分为辫状河为主的冲积扇和曲流河为主的冲积扇

两类（Stanistreet，1993）。从各类型冲积扇的发育地质背景和形态特征来看：泥石流扇一般发育于地形坡度大、构造运动强烈、气候干旱的地区，扇体少有河道特征并且多为极度断续的间歇性洪泛沉积；辫状河沉积为主的冲积扇一般发育于地形坡度较大、构造运动较强烈、气候半干旱或湿润的地区，并以发育辫状河道化的沉积水流为主，沉积物供给连续，相对快速的间歇性洪泛沉积减少（Dunne，1988）；而构造活动较弱、地形坡度小、气候湿润、雨量充沛，河流常年有水的地区则发育曲流河沉积为主的冲积扇（图 1.12）。

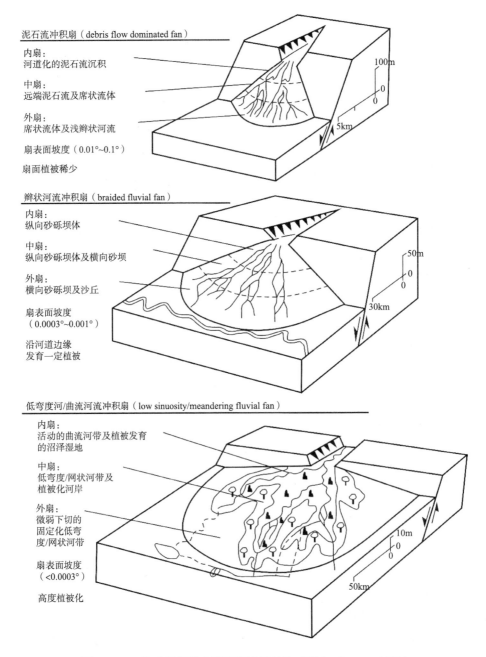

图 1.12　三类冲积扇形态及沉积特征对比（据 Stanistreet，1993）

其中植被较为发育是河流扇的重要特征（Wells，1987），特别是曲流河沉积为主的冲积扇，扇面植被的发育对河道及曲流带的稳定具有重要意义，因此是区别这一扇体的主要标志（Stanistreet，1993）。

　　不同沉积机制下形成的冲积扇其形态特征也具有相当大的差异：沉积坡度上，泥石流冲积扇一般为0.01°～0.1°，辫状河流冲积扇一般为0.0003°～0.01°（印度Kosi扇沉积坡度为0.00034°），而曲流河/低弯度河流冲积扇沉积坡度最小，可低至0.00023°。在扇体规模上，泥石流扇体轴向延伸距离一般小于10km，辫状河流沉积冲积扇可达120km，而曲流河/低弯度河流冲积扇至少可达150km（Stanistreet，1993）（图1.13）。

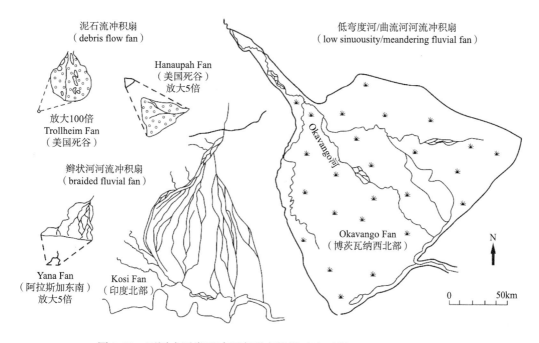

图1.13　不同成因类型冲积扇形态规模对比（据Stanistreet，1993）

　　由于在地层记录中河流型冲积扇与河流冲积平原较难区分，因此河流扇与泥石流扇或冲积扇的划分目前仍存在相当大的争议，部分学者认为以河流沉积过程为主的地质体均应划归为河流冲积平原，而扇体仅局限于以泥石流作用为主导的地质体（McPherson，1987），并认为扇体表面发育的河流过程是冲积扇形成后的二次作用过程（secondary process）（Blair，2009）；另一部分学者认为冲积扇的概念范围应该扩大（Wells，1987；Gohain，1990），并以泥石流、辫状河、曲流河/低弯度河流三种沉积过程建立冲积扇三端元划分方案（图1.14），同时提出用术语"地面扇"（subaerial fan）代替"冲积扇"的建议（Stanistreet，1993）。而沉积机制才是最终塑造冲积扇的根本，因此目前多数学者均采用泥石流扇和河流扇这一分类方案对不同类别的冲积扇进行研究。

　　需要注意的是，在冲积扇演化过程或地层记录中，河流沉积作用与泥石流沉积作用可在扇体任何部位发育，并且可相互混合沉积（图1.15）。但整体上河流沉积多发育于湿润气候条件下，并多分布于扇中或扇缘部位，而泥石流沉积多发育于干旱气候条件下，多分布于扇根位置。

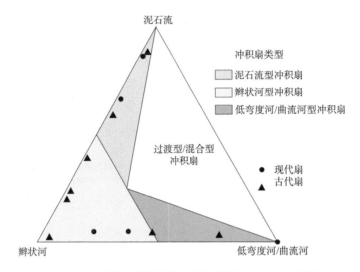

图1.14　冲积扇三端元划分方案（据Stanistreet，1993）

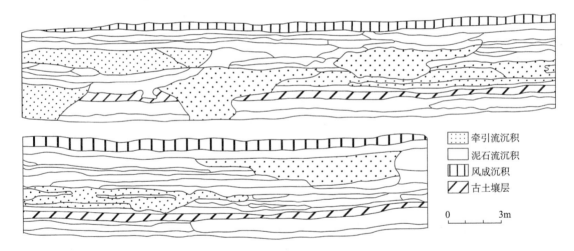

图1.15　澳大利亚塔斯马尼亚东南部冲积扇横剖面图（据Wasson，1977）

除上述三种类型外，Hass（2015）在对北极极地Svalbard群岛冲积扇类型的研究中，提出了雪崩型冲积扇（snow avalanche - dominated fans），这一扇体的形成受控于雪崩作用，并多与岩崩作用相伴。与其他类型扇体相比，其平面多呈舌形体，横切扇体剖面较为平坦，呈平凸形。由于雪崩作用对表面大砾石具有更强的侵蚀能力，因此自扇根向扇缘扇体粒度变粗，砾石间细粒组分含量减少（图1.16）。

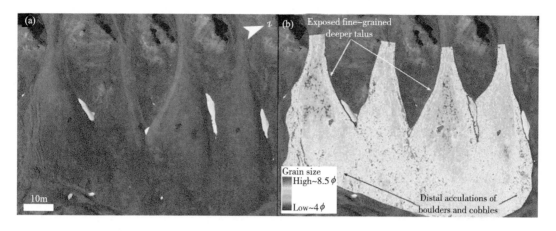

图 1.16 雪崩型冲积扇体沉积粒度分布（据 Hass，2015）

五、按碎屑沉积物性质、沉积机制及沉积结构冲积扇类型划分

Blair（2009）根据冲积扇碎屑沉积物来源及性质、初始沉积机制、扇体结构，将冲积扇划分为三个大类，十二个亚类，并且指出不同沉积机制下形成的扇体具有不同的地貌特征。Blair（2009）认为，所有冲积扇的初始沉积作用均由上游流域斜坡或基岩的风化破坏造成不稳定的碎屑物质沿坡下搬运所触发形成。冲积扇碎屑沉积物可直接来源于基岩（bedrock）或间接来源于黏性崩积物（cohesive colluvium）及非黏性崩积物（noncohesive colluvium）。不同性质碎屑沉积物来源也使得形成冲积扇的初始触发机制及搬运方式出现差异，因此可作为冲积扇三个大类的划分依据。

基岩冲积扇沉积主要受控于隆升基岩山体的直接破碎堆积，可进一步划分为基岩崩塌扇（rock fall）、基岩滑坡扇（rock slides）、基岩崩流扇（rock avalanches）及基岩流土扇（earth flows）四个亚类。

泥石流冲积扇主要是由于流域盆地坡积物含水量增大，并且具有充足的泥质含量以保持碎屑沉积流体的黏性，使得砂砾泥混杂的高黏性流体受重力驱动而向坡下方向运动，进而沉积形成的冲积扇体，在其扇体上部下切河道可以存在，也可以不存在（Blair，2009）。

片流冲积扇主要由片流沉积体组成，是由于冲积扇流域盆地内塌积物受到水流侵蚀搬运，但塌积物内少有泥质，使得碎屑流体呈非黏性牛顿流体而向坡下方向运动，进而沉积形成的冲积扇体，在片流冲积扇体的上部可以发育下切河道，也可以不发育。

第四节 冲积扇形成机制及其沉积特征

冲积扇形成机制可分为两大类，即初始沉积过程（primary processes）和二次沉积过程（secondary processes）（Blair 和 McPherson，1994）。

一、初始沉积过程

所谓初始沉积过程是指将形成冲积扇的碎屑沉积物由上游流域盆地或直接从山前带搬运至扇体的作用过程，是决定扇体形态及沉积特征的主要建设性形成机制，并由于沉积物的迁移带出使得流域盆地扩大。初始沉积过程触发机制包括大量的降水及地震，因此其作用过程往往并不频繁，同时持续时间也较为短暂，但常常具有灾难性。初始沉积过程按碎屑沉积物性质、来源及搬运方式可划分为岩石流搬运过程、重力流搬运过程及流水搬运过程（Middleton，1976；Blair，2009）。

1. 岩石流搬运过程

岩石流搬运过程是基岩分解破碎形成的碎石或碎屑沉积物由于重力作用直接从基岩处向坡下搬运的作用过程（图 1.17），进一步划分为岩石崩塌（rock fall）、岩石崩滑（rock avalanches）、岩石滑移（rock slides）及流土（earth flow）四种类型。同时由于基岩性质的固定，使得岩石流搬运状态下的冲积扇体碎屑成分与源区基岩性质一致，碎屑颗粒基本均为单岩性砾石。

1）岩石崩塌、岩石崩滑、岩石滑坡

由于脆性基岩长时间暴露遭受风化破裂，或由于地震使得地表产生移动造成脆性基岩内部摩擦力和剪切力降低，进而自基岩处直接产生岩石崩塌、岩石崩滑、岩石滑移的过程，并且不需要流水的参与（Morton，1971；Keefer，1984；Sidle，2006；Blair，2009）。

岩石崩塌是破碎的基岩碎屑颗粒，特别是砾石在重力作用下沿基岩斜坡向下以滚动或跳跃方式进行搬运沉积的最为简单的作用过程（Drew，1873）。碎屑颗粒或砾石一般具有棱角状。岩石崩塌沉积物一般在流域盆地基岩陡崖底部或紧邻山前形成碎石堆，如果碎石堆呈一定锥形，即形成冲积扇的雏形（Turner，1996；Beaty，1989；Turner and Makhlouf，2002）[图 1.17（a）～（d）]。

岩石滑坡，主要是大型或巨型岩石块体以整体状态从基岩断层或不整合面处脱离，并在重力作用下沿一底部滑脱面以滑动方式而非滚动和跳跃方式移动的作用过程（Varnes，1978）。这一过程往往很难形成较为典型的扇形地质体，因此其沉积物往往作为扇体上较为巨大的碎屑组成体而存在（Blair，2009）[图 1.17（e）]。

岩石崩滑，裂缝较为发育的大型基岩陡崖往往更易存在较为快速，并且具有毁灭性的局部或广泛破碎的大量角砾岩化碎屑物质，这些碎屑物质在重力驱动下以无水的颗粒流状态，而非滚动、跳跃或滑动方式向坡下方向移动（Harrison，1937；Hunt，1975；Nicoletti，1991；Blair，1999）。由于底部剪切力及上部负荷力较大，使得碎屑颗粒或砾石在搬运过程中角砾岩化可持续进行，这一运动状态的碎屑物质流速可达 25～100m/s（Erismann，2001）。当这一角砾岩化碎屑物质流动体在出山口时，由于坡度变缓、侧向散开将会沉积而形成扇形砾石堆积体。这种成因的冲积扇体具有较为典型的识别特征，即锥形或不规则形状；具有弓形或 U 字形堤坝的鼻形体；较为连续完整的朵叶体 [图 1.17（f）]（Hadley，1964；Philip，1999；Hewitt，2002）。岩石崩滑所形成的扇体沉积物多为大量的破碎角砾状碎屑，而其中较为细粒的杂基组分也多为破碎成因（Longwell，1951；Shreve，1968；Yarnold，1989）。

图1.17　岩石流搬运成因的冲积扇形态及沉积特征（据 Blair，2009）

2）流土

流土相较于岩石崩塌、岩石崩滑、岩石滑移，主要差别在于其为少量到大量细粒基岩碎屑，特别是内部含有水敏膨胀黏土矿物的细粒基岩，以一种近塑性状态向坡下缓慢或呈幕式特点移动的作用过程（Varnes，1978；Keefer，1983）。流土一般出现于持续性湿润雨季后的干旱期，当气候湿润多水时，水敏的基岩剪切力减小而可塑性增加，由此在重力作用下，陡坡处的细粒基岩稳定性降低，并开始移动（Fleming，1999）。流土的运动与持续增加的孔隙水压力有关，并且基底滑移面，即基岩内部岩性薄弱面或含水饱和带等不连续界面对流土的运动起着重要的协调作用（Keefer，1983）。大规模的流土在到达山麓地带时，由于侧向的扩大，便可形成冲积扇体，如 Idaho 的 Carlson 流土扇体（Shaller，1991）。由于流土沉积体上部沉积物不稳定并不断向下部移动，因此沉积体远端往往是沉积厚度最厚的部位（Blair，2009）。

2. 泥石流搬运过程

泥石流搬运过程是流域盆地内塌积的碎屑物质及其中的流体直接在重力作用下向坡下方向搬运至扇体的作用过程。泥石流形成的冲积扇体碎屑分选差—极差，同时泥级—砾石级碎屑沉积物主要以堤坝和朵叶体的形式沉积（Sharp，1953；Beaty，1963；Costa，1984；Blair 和 McPherson，1998）（图 1.18）。

图 1.18　泥石流沉积体沉积特征（据 Blair，2009）

泥石流是碎屑物质搬运至冲积扇最重要的重力流搬运流体，是泥级—砾级的沉积碎屑颗粒及内部黏附水、空气在重力作用下向坡下搬运的黏性流体，其碎屑沉积物支撑机制包括扩散力、浮力、孔隙流体过饱和压力及黏性力，其分选差并呈一定的反韵律特征（Sharp，1953；Johnson，1970；Fisher，1971；Costa，1984；Hooke，1987；Iverson，1997）。泥石流碎屑粒度可以从相对富粉砂—黏土物质（Iverson，1993）到主要有粗粒中砾—粗砾（Costa，1984）（图1.19）。由于泥石流内含有大量碎屑颗粒，使得泥石流内部可以发生砾石间及砾石与流体间的碰撞、滑动摩擦作用（Hutter，1996；Iverson，1997），因此其流动性质主要取决于沉积物数量、

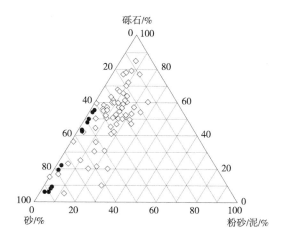

图1.19 泥石流碎屑颗粒组成
（实心点为实验，空心为野外）（Major，1997）

碎屑颗粒粒径分布、水和泥的含量、流体厚度及流体渗流能力（Jan，1997；Major，1997）。

泥石流是由于流域盆地不稳定、塌积物内部水量快速增加及快速释放而产生的间歇性快速山洪爆发，其可在限制性河道内搬运，也可向四处散开呈席状或朵叶状沉积，可搬运重达几吨的岩石块体、树木及建筑物。其中注入的水体来源为：①快速的降水，特别是大的雷暴雨；②持续的降雨，使得塌积物内部水体不断饱和；③温暖气候下快速的雪或冰的融化（Costa，1988）。塌积物中较为充分的泥质含量是泥石流的重要组成部分，塌积物中的泥质可以通过降低塌积物的渗透率使得孔隙水流体压力增加，并克服内部剪切力，最终导致泥质块体向下坡的快速移动，同时泥质成分可以提供黏性力从而维持泥石流的流体状态（Blair，2009）。

更进一步讲，泥石流的搬运过程可以总结为两种成因机制：①塌积滑移的含水塌积物向坡下滑移过程中的转化分解作用，而这一转化作用是由于剪切力从塌积物底部扩大至整个碎屑流体使得内部颗粒开始独立运动；②流域盆地内快速排出的水系对塌积物的快速侵蚀和带出作用（Cannon，2001），这一作用可以导致河道下切及河道两侧的塌落，进而使得流体内沉积物含量的快速增加（Johnson，1984）。不论以何种机制形成的泥石流，其形成条件均包括坡度较陡、分选较差的流域盆地塌积物及一个使得塌积物和地面水流集中的汇聚水系（Reneau，1990）。

泥石流作为一种黏性的非牛顿层流碎屑沉积流体，尽管可搬运重达几吨的大砾石，但其本身并不具有侵蚀性（Johnson，1970；Rodine，1976）。泥石流流速一般在1~13m/s之间（Sharp，1953；Curry，1966；Li，1986）。在流域盆地河道内部泥石流厚度在1~10m

之间，而搬运至扇体部位时，由于侧向的开放沉积环境使得流体散开厚度减薄。泥石流运动过程中内部碎屑颗粒的支撑力主要有黏性力、扩散力及浮力（Middleton，1976；Costa，1988）。在一定高密度沉积流体中，随着颗粒体积的增大，其扩散压力也更大，因此大颗粒具有向剪切率较小的部位，即向流体表面迁移的特点，同时由于大砾石与流体内部其他物质密度存在一定差异使得其浮力、扩散力相对存在一定差异，加之在泥石流运动变形过程中，大颗粒的重力和表面拉力不足以使其向更小的空隙中运动，使得小颗粒向大颗粒间空隙的动力筛析作用在泥石流移动过程中使大砾石逐渐向流体顶部聚集（Bagnold，1954；Johnson，1970；Iverson，1987；Sohn，1993；Iverson，1997），同时泥石流移动过程中底部摩擦力较大，运动速度较上部慢，从而使得大砾石不断向泥石流顶部及前部聚集（Blair，2009；Johnson，2012）（图 1.20），最终可导致泥石流运动停止或被后期泥石流推向两侧（pushing aside mechanism）而形成典型的泥石流堤坝沉积体（Sharp，1942；Johnson，1984；Iverson，1997；Major，1999）（图 1.21）。

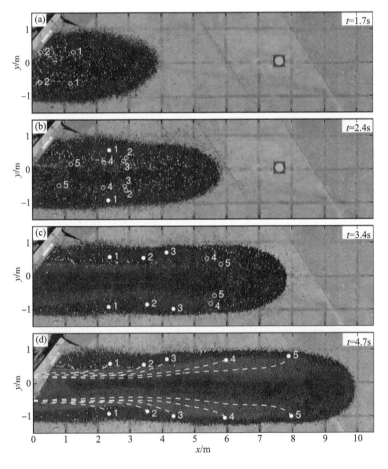

图 1.20　泥石流沉积物运动实验模拟
（空心圆运动质点，实心圆沉积质点）（据 Johnson，2012）

图 1.21　泥石流实验模拟与现代泥石流堤坝、朵体沉积（据 Hass，2015）

　　当泥石流从流域盆地抵达扇体时，由于流体的散开、内部水体的释放及减小的坡度，使得泥石流的驱动切变强度（driving shear stress）小于塑性屈服强度（plastic yield strength），泥石流运动停止，内部碎屑物质开始沉积（Johnson，1970）。而在出山口前补给水道内及扇体下切河道内，由于河道两侧的限制，泥石流呈过路状态而并不沉积。另外，如果泥石流在运动过程中遇到较大的障碍，如巨型砾石或树林，也将会停止。可见导致泥石流运动停止进而发生沉积作用的原因有上述三个方面，其中后两点一般发育在泥石流抵达扇体前的流域盆地内部（Blair，2003）。

　　一般情况下，形成泥石流的坡度一般在 27°～56°之间，超过 56°地形坡度过陡，使得塌积物无法保存，而地形坡度小于 27°将造成泥石流难以被触发（Campbell，1975）。由于大规模的山洪暴发并不频繁，同时流域盆地内部塌积物的积累需要一定时间，因此泥石流发育的重复周期相对较长，一般在 300～10000 年间（Costa，1988；Hubert，1989；Cerling，1999）。

　　3. 片流搬运过程

　　片流是一种持续时间较短，规模较大并具有一定灾变性的大片非限制性流体（McGee，1897；Bull，1972；Hogg，1982）。片流主要是由大量倾泻的降水，如暴风雨或一些天然坝体内部的积滞水快速释放而形成（Blair，1987；Gutiereez，1998；Meyer，2001）。由于从流域盆地携带有碎屑沉积物的洪水在扇面上可以向四周散开，因此片流这一沉积过程在冲积扇上较容易发生。片流的这一形成过程既可以直接在扇顶点处形成，也可以沿下切河道外侧在活动朵体上发育。

1982年7月15日，Blair在科罗拉多落基山国家公园对一正在形成的片流过程进行水力计算时发现，片流体深度平均为0.5m，流速在3~6m/s之间，最大流量为45.6m³/s，弗洛德数为1.4~2.8。片流过后，形成的朵体宽3~6m，厚5~20cm，表面砾石层坡度为2°~5°，朵体间是更为普遍的砾质砂体。剖面显示，一套5m厚的片流沉积体内表现为多套具有相同结构和厚度的多期片流体叠置而成（图1.22）。相互近平行叠置的片流砂砾岩体为碎屑颗粒支撑，并且砾石具有一定的定向排列构造，而内部砾质砂岩往往呈层状。但洪水过后，片流体部分表面往往被河道所切割，而粗的碎屑颗粒也往往在这些河道内聚集。在片流沉积之后，大部分片流沉积体表面均会被后期水流改造成深度较浅的河道，这一改造过程将会使得扇体上部形成粗粒的滞留沉积，从而增强片流沉积体的抗侵蚀能力。

图1.22　美国Death Valley内冲积扇片流沉积岩相特征（据Blair，2000）

片流沉积过程最初在冲积扇的研究过程中得以发现，随后在水槽实验中得以证实（Fahnestock，1962；Kennedy，1963；Jopling，1966；Shaw，1977；Langford，1987；Blair，2001）。一次片流沉积过程内部往往会发育5~20个层系，这些层系的发育主要与在超临界流体状态下形成的驻波自旋回演化有关。在一次片流演化过程中，超临界流体驻波可以旋回性发育和终止多次（图1.23），具体来说其演化过程包括：①初始形成；②波长延长，波高增大；③向坡上迁移；④逐渐变陡并开始不稳定；⑤最终可能以较平静的方式汇入片流体中，但更为常见的是向坡下方剧烈破碎和运移。其中片流砂砾岩体内部与表面波波形一致的逆行沙丘形成于前三个阶段，而这一逆行沙丘的保存需要后期驻波演化较为平缓。当驻波演化后期强烈震荡破碎，将产生快速的湍流使得逆行沙丘被侵蚀，并使得较小的砾石和砂级颗粒悬浮于流体内部，而较粗粒的砾石残留在底部。随后随着碎屑流体沿坡下运动，底部粒度较粗的砾石呈叠瓦状排列，而较细粒的碎屑逐渐沉积，最终呈现为层状的片流沉积体。在片流运动过程中如遇到障碍，如大砾石，将会使得流体分离和冲刷，进而形成片流体内部一些不规则的层理构造。

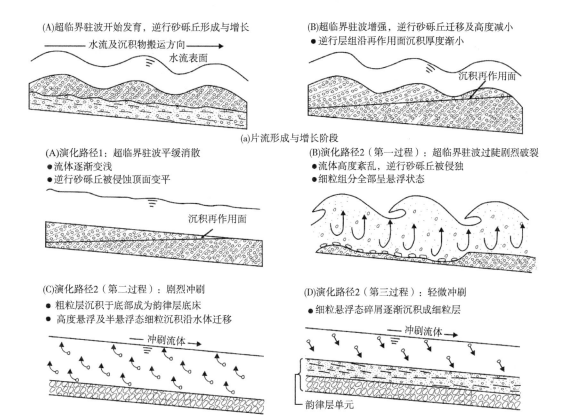

图1.23　片流内超临界驻波演化过程及其沉积特征（据Blair，2000）

由于驻波是片流体内相对深度最大的部位，而后一次新的波列均形成于现今波列的侧方（图1.24），在一次片流过程中，驻波反复地形成及冲刷使得在扇体或活动朵叶体上产生侧向及垂向上多期叠置的平行层系及逆行沙丘。由于在退洪期扇体表面发育的侵蚀河道或间洪期发育的小水流，使得在每一期片流层序上部均发育粒度更粗的滞留沉积，因而可作为划分片流期次的重要标志。片流的形成周期相对不确定，但间隔时间相对较长。水槽实验表明，逆行沙丘和层状沉积主要在较高的水量及沉积物含量条件下形成（Gilbert，1914；Simons，1966），由于在这一流体条件下流体内部阻力相对最小，而大量沉积物的搬运也最为有效，使得超临界流较易形成（Simons，1966）。流域盆地内受暴雨形成的大量水体聚集在较陡的塌积物覆盖斜坡进而形成碎屑沉积物含量较大的沉积流体，而在 2°～5° 的坡度下富含大量沉积物的片流主要以临界流状态沉积。片流沉积同样可以发育于河道间，形成席状沉积物。

图 1.24　扇体表面正在形成的超临界片流流体内的驻波破碎现象（据 Abdullatif，1989）

4. 河流搬运过程

河流搬运过程与河流相沉积及水体条件无较大差别，主要以河道化充填、河道边缘及河道间沉积为特征。河道充填多为最粗粒沉积部分，并且由于冲积扇水动力较强使得沉积流体以湍流方式搬运并快速沉积为主，因此沉积物分选相对较差（Zielinski，2000；Shukla，2009）。向下游方向，河道充填沉积逐渐变浅，沉积粒度变细，充填厚度多大于 2m，形态为典型的上凹形，并与下伏沉积呈冲刷接触。一般在扇体上部主要为平直的下切河道，在扇中及扇缘位置处，河道多呈辫状。河道边缘（堤岸）、河道间沉积往往由于河道在扇体的迁移侵蚀而很难保存下来，沉积物多为席状的较细粒漫洪沉积。

冲积扇体内部河道形态自扇根向扇缘方向也往往发生转变，而河流形态或类型的转变主要受控于多样的河流流量、沉积物供给量及地形坡度的差异及变化（Viseras，1994；North，2007；Davidson，2013；Weissmann，2015）（图 1.25）。一般自扇根向扇缘方向河流流量、河流动力、沉积物量、沉积粒度逐渐减小，使得河道宽度、深度逐渐减小，并且河道分叉程度增加，河道弯曲度及形态更为多样（Nichols，2007；Hartley，2010）。

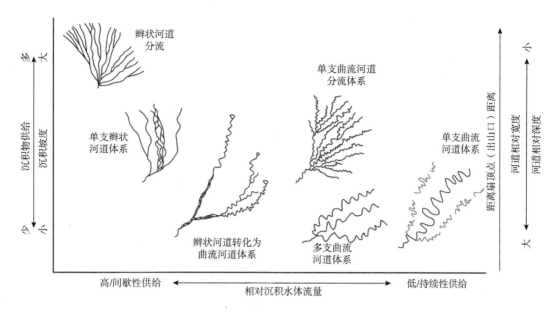

图 1.25　冲积扇发育河流形态及其自扇顶到扇端变化特征（据 Davidson，2013）

相较于典型的河流演化，冲积扇河道演化可分为河道分流（distributive fluvial system）和河流改道（channel avulsion）两类演化方式（Hampton，2007；North，2007；Cain，2009；Hermas，2010；Hamilton，2013）（图 1.26）。其中，河道分流主要是自冲积扇上交叉点（intersection point）位置处河流不断分支迁移而形成的复合河道体系，同时冲积扇的建造过程受控于交叉点的横向及向源迁移，并且使得冲积扇形成不同期次的活动（active）沉积朵体及废弃（abandoned 和 inactive）沉积朵体；河流改道主要是单支河道体系通过在扇面上不断横向迁移，扫过整个扇体而使得扇体不断形成的（Chakraborty，2010；Ghosh，2015）。不论以何种方式演化，其内部沉积微相类型及沉积特征仍与正常河流相同，沉积类型也包括辫状河、曲流河、网状河/低弯度河流或其复合体（Stanistreet，1993）。

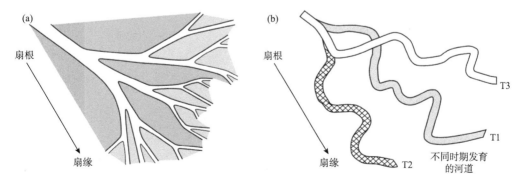

图 1.26　冲积扇内部河道分流与分叉沉积演化特征对比（据 North，2007）

二、二次沉积及改造过程

所谓二次沉积过程是指初始沉积过程后，对扇体先前沉积物的各种改造作用，是扇体主要破坏性沉积机制。二次沉积过程相对初始沉积过程而言，其作用强度及影响范围较小，因此并不具有灾难性。尽管在冲积扇体的沉积演化历史中二次沉积过程对冲积扇的影响较小，但由于初始沉积作用的间歇性使得二次沉积过程作用时间相对较长（Blair，1987）。二次沉积作用包括：扇体表面水流及地下水作用、风、生物扰动、新构造运动、颗粒风化及成土化作用。

1. 扇体表面流水改造

冲积扇流域盆地内降雨或冰雪融化形成的洪水相对并不频繁，而在大多数情况下从流域盆地到扇体上的，多为碎屑沉积物含量较少的水流。这些水流一般会通过扇体上渗透性沉积物向下缓慢渗透或流经下切河道分散于整个扇体。这些水流通常被称为坡面流（overland flow）（Horton，1945），而这些坡面流往往会对早期扇体沉积物进行簸选。除此之外，雨水直接作用于扇体表面也会形成这种坡面流。坡面流一般是对砂、粉砂及泥级碎屑成分进行簸选，但簸选粒级范围也可达砾级（Beaumont，1971），被簸选的沉积物一般会向坡下迁移，使得上游流沟内滞留粗粒沉积，而下游流沟内主要为细粒沉积，同时侵蚀沉积物也可能直接迁移出冲积扇（Hass，2014）（图1.27）。冲积扇邻近盐湖内的泥质沉积物多来源于临近扇体表面的簸选（Blair，2009）。

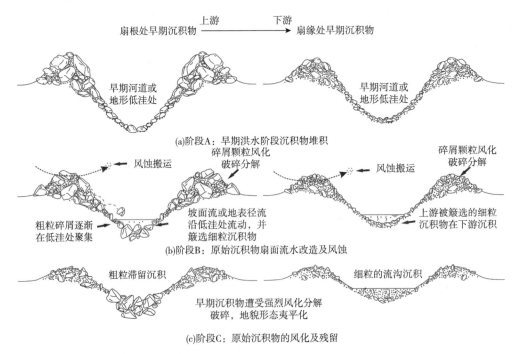

图1.27　冲积扇非活动性扇体表面流水改造作用及再沉积（据Hass，2014）

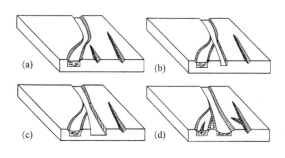

图 1.28　冲积扇上侵蚀流沟的溯源侵蚀作用
及分流作用（据 Field，2001）

冲积扇表面的坡面流改造是相对最为常见的一种二次沉积作用过程，这一作用过程常可形成扇体表面的溪流（rills）、冲沟（gullies）及扇面粗砾石层。溪流主要在不规则的扇体表面由汇聚的坡面流形成，一般深度小于 0.5m，宽 1m 左右，以分支状分布于扇体中上部。相较于溪流，由坡面流侵蚀形成的冲沟主要在外扇或扇体上的断层部位出现，可以呈单支或分支状出现，同时深度较溪流也更大（Denny，1965，1967）。特别的是，坡面流形成的冲沟/流沟可以通过溯源侵蚀或向下游侵蚀而与早期河道连通，进而造成扇体表面河道的复杂化（图 1.28）。溪流和冲沟底部往往覆盖经簸选后的薄层滞留粗粒碎屑或后期搬运沉积的细粒碎屑，整体形态呈透镜状，并可侵蚀早期沉积。扇面粗砾石层主要分布于簸选作用强烈的扇体初始沉积作用不发育区，其可覆盖非活动朵体（inactive lobe）甚至整个扇体。当流水内部含有饱和的钙质成分时，溪流河道及冲沟底部或边部将会由于钙质成分沉淀而形成钙质表面硬壳，而这一作用主要发育于风化后可提供相应离子的碳酸盐岩或火成岩流域盆地内（Simonberg，1971）。

2. 风改造及其沉积作用

冲积扇表面泥、粉砂、砂及细砾级碎屑更易受风的侵蚀而被上扬至空中，因此风的改造作用之一就是对细粒成分的筛选（Tolman，1909；Hunt，1966；Farraj，2000）。同时扇表面较为突出的大砾石也会被风携带的砂级碎屑所雕琢而形成风棱石。与其他二次作用过程不同，风也会将扇体邻近的沙丘、湖、河流中的砂搬运至扇体。在冲积扇上风携带的碎屑物质发生沉积作用的主要条件有：①扇体表面不规则的地貌；②扇体表面发育植被。风成的席状砂体厚度可较大，同时侧向较为连续并可覆盖整个扇体。风成沉积作用主要为分选较好的风场沙丘或席状沙丘沉积（图 1.29）。

3. 植物与地下水作用

在扇体表面，甚至极度干旱地区均可出现植物和钻孔生物。植物可以通过降雨、露水或较浅的地下水获得水分，植物根系可以延伸 1m 以上，从而使得冲积扇早期层状沉积物受到扰动而使得其均质化。植物同样可以为生物提供庇护所，一些啮齿类生物也可以使得扇体早期沉积物受到破坏和改造。

冲积扇内部含水层可以不断地蓄积和保存，因此冲积扇可以作为地下水从山区到谷底的重要通道（Listengarten，1984；Houston，2002），而较低的地下水流动可以为植物生长提供有利条件。同时，较缓慢的流动条件下，富含溶解物质的地下水可以在扇体内部产生钙质胶结物（Bogoch，1974；Alexander，1989）。在扇缘部位由于临近扇体发育的盐湖，使得扇体沉积物孔隙内受到蒸发结晶盐类矿物的胶结。另一方面，地下水的流动也会使得扇体坡度不稳，进而产生扇体滑塌（Blair，2009）。

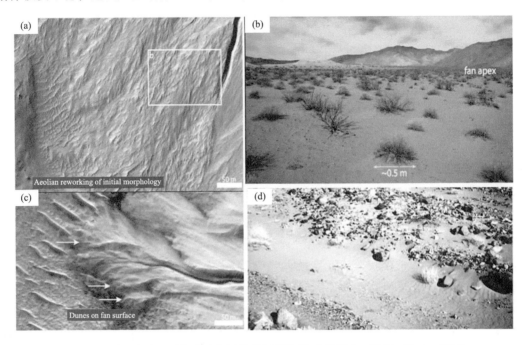

图 1.29　冲积扇表面风场改造作用及其沉积作用（据 Blair，2009；Hass，2014）

4. 风化及成土作用

很多种物理及化学风化作用均会对扇体沉积物进行改造，包括孔隙内部盐类矿物的结晶、氧化作用、水解作用和溶蚀作用（Hunt，1966；Ritter，1978；Goudie，1980）。这些作用过程既可以发生在扇体表面，也可以沿断层面、页理面和层面发生。这些风化作用整体上使得扇体碎屑颗粒粒度减小，如果时间充足，大砾石也能风化为细粒级碎屑（图1.30）。氧化、水解作用同样可以发育在扇体表面之下，而使得相对较不稳定矿物，如长石或铁镁矿物转化为黏土矿物或赤铁矿（Walker，1969）。

图 1.30　冲积扇表面砾石风化分解作用与砾石表面沙漠漆（据 Hornung，2010；Hass，2015）

另一种较为常见的碎屑改造现象是扇体暴露碎屑颗粒表面沉淀的水合三价铁离子及氧

化锰而形成的氧化包膜，称谓沙漠漆（Hunt，1966）（图1.30）。而通过这一沙漠漆的颜色深浅可以推断不同期次扇体的形成时限，一般颜色越深代表形成越早（Hooke，1967；Dorn，1988；Liu，2007）。通过对沙漠漆内部的放射性碳同位素测年可以推断冲积扇的暴露年限（Dorn，1989；Reneau，1991）。除此之外，光学分析及宇宙射线同位素测年同样可以用来分析冲积扇表面年限（Nishiizumi，1993；White，1996；Matmon，2005；Robinson，2005；Le，2007）。

第五节　冲积扇沉积模式

冲积扇目前尚无全面和统一的沉积模式，不同地质背景下不同成因的扇体具有不同的沉积特征及沉积模式。20世纪80年代以前国内外冲积扇研究学者多倾向于建立综合性冲积扇沉积模式，而80年代后国际上将冲积扇按主体沉积机制差异划分为两大类，即区分牵引流建造的河流型冲积扇和泥石流建造的泥石流型冲积扇，进行分类研究及各自模式的建立。

一、泥石流型冲积扇沉积模式

Blair（1999、2009）对美国Death Valley内泥石流冲积扇进行分析，认为泥石流扇为多期泥石流沉积体在垂向及横向不断逐层叠置成因，同时泥石流扇体上可发育下切河道，但也可以不发育。

泥石流可在下切河道为过路沉积状态，至交叉点处由于无侧向限制，使得泥石流沉积流体发生沉积作用。因此将泥石流冲积扇划分为活动沉积朵体（active depositional lobe）和废弃沉积朵体（abandoned lobe）两部分（图1.31），其中活动沉积朵体部分包含下切河道砂砾岩体、泥石流堤坝、泥石流朵体及泥流沉积，废弃沉积朵体部分包含废弃泥石流堤坝、废弃泥石流朵体、流沟及簸选扇面滞留砾石层沉积单元。相对来说，泥石流冲积扇沉积模式相对简单。

二、河流型冲积扇沉积模式

目前国际上针对河流型冲积扇沉积模式的研究仍处于探索阶段，且在不同的地质背景下，河流型冲积扇水动力条件及其地貌特征也往往存在较大差异。概括来说，目前国际上有关河流型冲积扇的沉积模式主要有以下五大类主流观点。

1. 片（洪）流冲积扇沉积模式

Blair在对美国Death Valley内片（洪）流成因冲积扇研究中将扇体发育过程划分为洪水期与洪退期两个演化阶段（Blair，2000）。其中洪水期片（洪）流呈散开状覆盖整个活动沉积朵体［图1.32（a）］，而洪退期流水覆盖范围减小，并可对早期沉积物进行簸选改

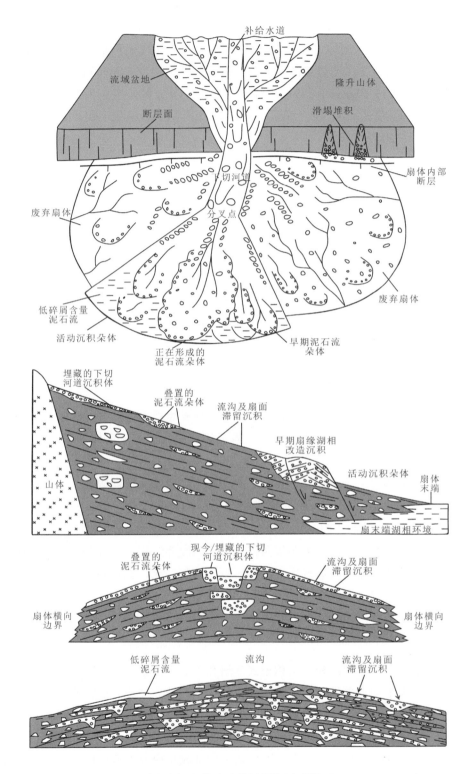

图 1.31 泥石流冲积扇沉积模式及其沉积特征（据 Blair，1999、2009）

造 ［图 1.32（b）］，但仍发育于早期活动沉积朵体内部。活动沉积朵体可进一步区分出洪水期韵律层状片流砂砾岩体、逆行砂砾丘及洪退期侵蚀河道化沉积和滞留粗粒碎屑四类沉积单元，而非活动沉积朵体部分则由二次河道、风成沙丘及扇面滞留砾石层组成。

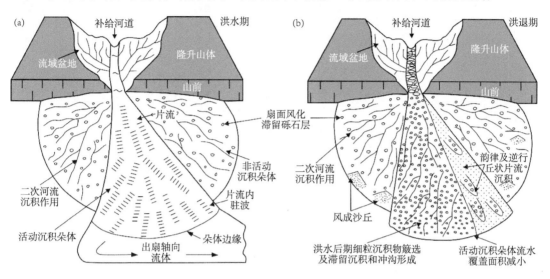

图 1.32 片（洪）流冲积扇沉积演化模式（据 Blair，1999 修改）

2. 单河道河流型冲积扇沉积模式

所谓单河道河流型冲积扇，是指扇体的建造受控于一主干河道（trunk channel）及其周缘相同延伸方向的次级河道带（secondary channel zones），在平面上侧向持续迁移或不断改道而形成的扇形沉积体（Viseas，1994；North，2007）。其典型代表为印度北部恒河平原发育的现代 Kosi 巨型扇，其扇体建造过程就是扇面单支 Kosi 河流域不断迁移和改道的过程（Agarwal，1992；Leier，2005；North，2007；Chakeaborty，2010）（图 1.33）。针对这一类型的扇体，Viseras 认为河道的迁移受控于河道两侧坝体的生长和侵蚀关系，而河道迁移的扫描角度（sweep angle）受控于河道迁移过程中侧向有无阻挡及沉积物供给和构造沉降的关系（图 1.34）（Viseas，1994）。

3. 多河道河流型冲积扇沉积模式

所谓多河道河流冲积扇沉积模式指扇体的建造过程受多支不同类型的河道体系共同完成。这一成因类型的河流冲积扇最为普遍、沉积模式最多，但同时也是最复杂、研究难度最大的一类扇体。形成扇体的多河流体系自扇根到扇缘方向在河道规模、河道形态、河道数量、水动力强度、沉积特征等方面均存在较大差异。

Scholle（1981）认为河流型冲积扇扇根部分发育规模最大、粒度最粗的主河道，沉积物主要沿这一河道搬运至扇体。扇中区域主河道开始转变为向外呈辐射状的大面积分布且规模较小、数量众多的辫状河道，但河道沉积粒度显著减小。继续向扇缘方向砾质辫状河道则逐渐演化为呈席状展布且河道化相对不明显的细粒砂质或粉砂质/泥质沉积（图1.35）。

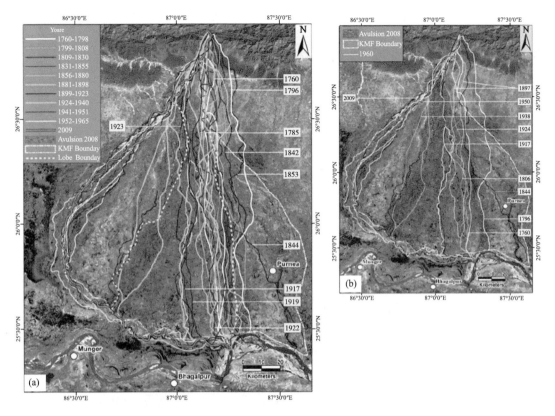

图 1.33　巨型 Kosi 冲积扇不同年代内部 Kosi 河单河道分布位置（据 Chakraborty，2010）

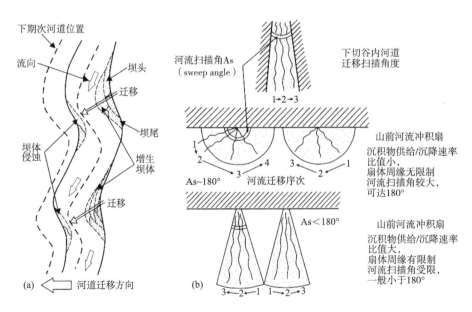

图 1.34　单河道冲积扇沉积演化模式（据 Viseas，1994）

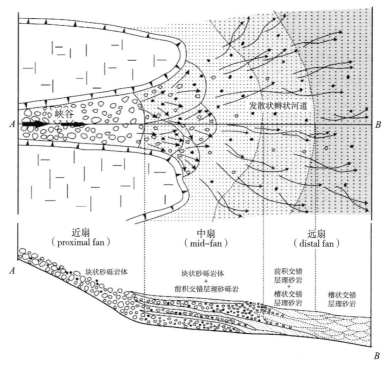

图 1.35　河流冲积扇沉积特征及沉积模式（据 Scholle，1981）

Stanistreet 和 McCarthy 在对非洲南部 Okavango 河流型冲积扇的研究中认为，曲流河成因的冲积扇上扇部分（upper fan）主要为曲流河道及河道间泥炭化沼泽湿地沉积，中扇（middle fan）部分河道较固定，为宽度较窄的低弯度网状河及少量曲流河带，泥炭化沼泽湿地较少，而下扇（lower fan）部分则主要为低弯曲度河道、非限制性水流沉积及风成沉积、小型湖泊沉积（Stanistreet，1993）（图 1.36）。

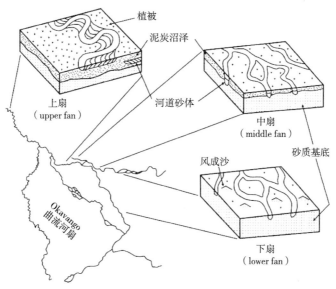

图 1.36　曲流河冲积扇河道发育特征（据 Stanistreet，1993）

Jo 等（1997）在对韩国东南部 Kyounsang 盆地河流冲积扇研究中认为河流扇近扇部位主要为席状展布的大套颗粒支撑砂砾岩及层状砂岩，为沉积物沉积速度最快的区域。中扇到远扇部分则主要为砂砾质辫状河道沉积和洪泛沉积，而在非活动扇体部分则主要为洪泛细粒沉积及遭受风化成土作用、生物扰动及钻孔（图 1.37）。

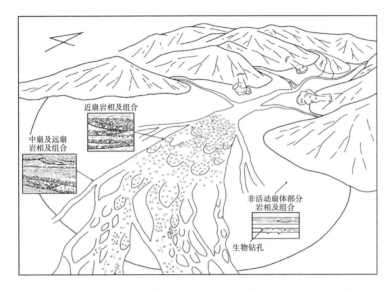

图 1.37　辫状河河流冲积扇沉积特征及沉积模式（据 Jo，1997 修改）

Shukla 等（2001）在对印度恒河平原北部 Ganga 河流扇研究中认为，河流扇自扇根向扇缘可划分为四个相带（图 1.38）。第一个相带主要为深度较浅的砾质辫状河道发育带；

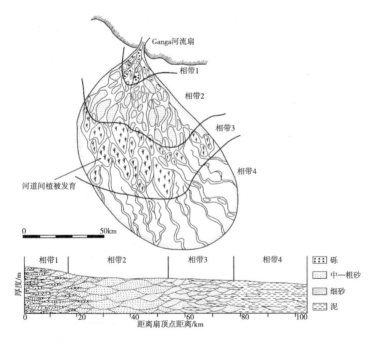

图 1.38　Ganga 河流冲积扇沉积特征及沉积模式（据 Shukla，2001 修改）

第二个相带为砂质辫状河道发育带；第三个相带为网状河流发育带，河道窄且浅，河道间发育洪泛细粒沉积，植被相对茂盛；第四个相带为曲流河发育带，主要以洪泛细粒沉积为主，河道发育有限。

4. 末端扇沉积模式

末端扇（terminal fan）这一概念的提出最早是指古代地层中不断向下游分支且河道规模不断减小并呈朵体状展布的河流分流体系（distributive river system）所建造的扇体（Tunbridge，1984；Kelly，1993；Fisher，2007）（图1.39）。而这一类型的河流冲积扇多发育于干旱炎热的气候条件下，由于河道内水流自扇根向扇缘不断蒸发、下渗及分流，使得河道规模不断减小并最终消失（Nichols，2007）。这一类型的河流冲积扇在古代地层和现代沉积（图1.40）中均有发现，是目前国际上河流冲积扇研究的热点领域之一。

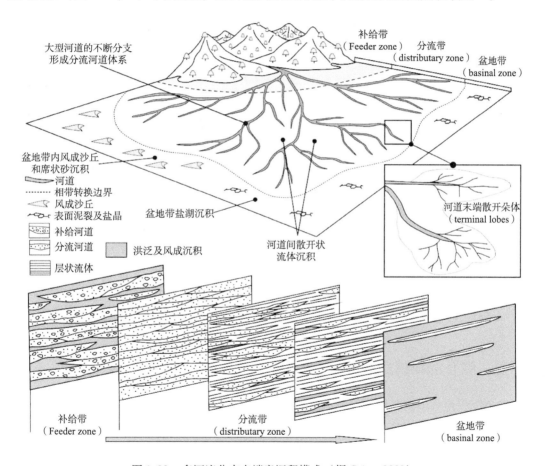

图1.39 多河流分支末端扇沉积模式（据Cain，2009）

这一模式观点认为末端扇是由单支或多支补给水道（feeder channel）或主河道（trunk channel）向下游方向不断分支而形成的扇体（Abdullatif，1989；Saez，2007）。相较而言，这一模式应用更为普遍。该模式主要将末端扇划分为三个带，分别为补给带（feeder zone）、分流带（distributary zone）和盆地带（basinal zone）（Hampton，2007；Cain，

2009）（图1.39）。其中补给带主要发育大型且粒度较粗的补给河道或主河道，同时还发育一定比例的河道间洪泛细粒沉积；分流带主要为数量众多的分支河道、决口扇、洪泛平原及席状河道末端散开砂体，洪泛细粒沉积向下游比例逐渐增大，河道规模逐渐减小；而盆地带则主要发育风成沙丘、干旱盐湖及湿地等沉积环境。

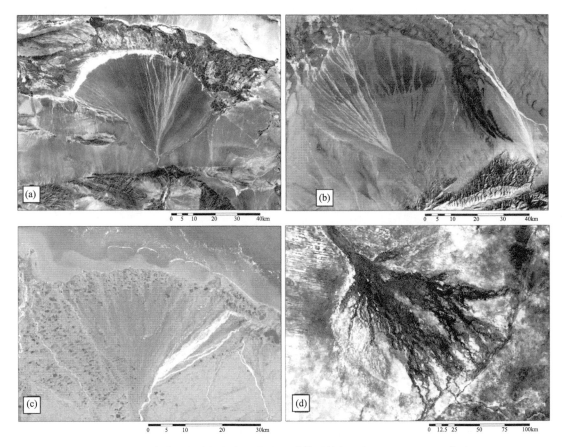

图1.40　现代冲积扇内部发育的分流河道体系特征（据 Hartley，2010 修改）

三、综合沉积模式

综合沉积模式多以我国学者为代表，即模式的建立并未系统区分泥石流型或河流型冲积扇，但从沉积特征来看仍以牵引流流体沉积机制为主体，因此本文暂时也将其划归为河流型冲积扇。

张纪易（1985）通过对新疆三大盆地边缘现代冲积扇及准噶尔盆地古代洪积扇调查研究后，总结粗碎屑冲积扇的沉积特征，并提出干旱—半干旱气候条件下冲积扇的沉积微相综合模式（图1.41）。整个冲积扇可划分为扇顶、扇中、扇缘三个亚相带，其中扇顶亚相带沉积微相包括：主槽、侧缘槽、槽滩、漫洪带四类沉积微相，同时主槽内又包括流沟和沟间滩两类沉积单元。扇中亚相带沉积微相包括：辫流线、辫流砂岛、漫流带三类沉积微相。扇缘亚相带沉积微相主要为细粒泛滥沉积，是冲积扇和其他环境（如河流、沙漠等）的过渡部位，沉积微相划分可参考弯曲河流亚相确定。山间地带又可进一步划分为扇间滩地与扇间凹地两类沉积亚相带。

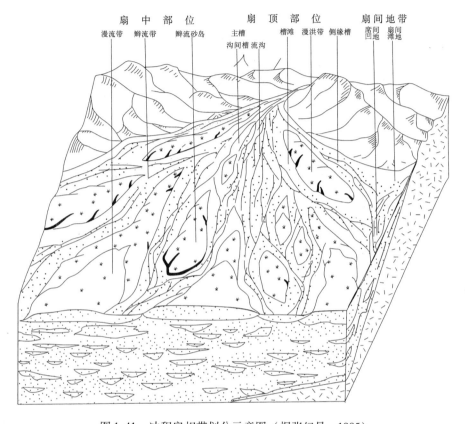

图 1.41 冲积扇相带划分示意图（据张纪易，1985）

吴胜和（2012）通过密集井网及临近露头资料等对克拉玛依油田三叠系克下组冲积扇进行沉积构型模式的建立，认为扇根亚相主要由主槽、片流带、漫洪带 3 个 5 级构型单元组成（图 1.42）。其中主槽内可划分出槽流砾石体与泥石流 2 个 4 级构型单元，而槽流砾石体内部又可细分为砾石坝和流沟 2 个 3 级构型单元。片流带内主要发育片流砾石体 4 级构型单元，其内部可进一步划分砾石坝和流沟 2 个 3 级构型单元。漫洪带主要发育漫洪砂体和漫洪细粒 2 种 4 级构型单元。扇中亚相主要发育辫流带和漫洪带 2 个 5 级构型单元，其中辫流带主体发育辫流水道 4 级构型单元及其内部砂坝和沟道 2 类 3 级构型单元。扇缘亚相主要由径流带和漫流带 2 类 5 级构型单元构成，且主体为径流水道 4 级构型单元。

综上可见，河流型冲积扇的沉积特征极其复杂，不能用单一的沉积模式来高度概括，仍需要更多的现代沉积解剖来逐步完善河流型冲积扇分类及建立其在特定地质背景下的沉积模式。

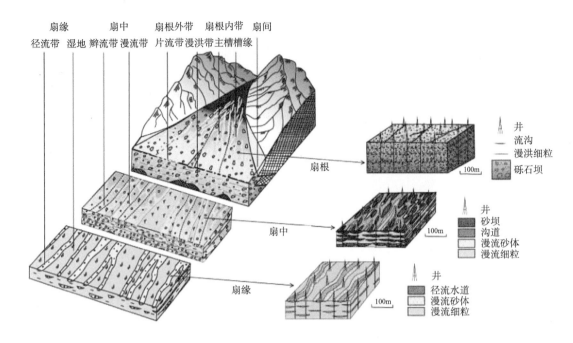

图 1.42　克拉玛依油田克下组冲积扇内部沉积构型模式（据吴胜和，2012）

四、冲积扇沉积演化模式

一个理想的冲积扇沉积演化过程大致可划分为三个阶段（Blair，2009；Franke，2015）（图 1.43），这一演化过程不仅反映冲积扇的发育，同时也反映其流域盆地的扩大。

阶段一为隆升基岩内流域盆地初始发育而形成的冲积扇，这一阶段形成的扇体多为基岩冲积扇。流域盆地的形成有如下形式：①锥形的基岩冲积扇主要由松散的沉积物沿基岩薄弱面—刻槽或峡谷部位经漏斗作用向下搬运沉积而成，通过基岩刻槽或峡谷基岩冲积扇不断扩大，同时地形坡度也从35°以上逐渐降低；②由于风化基岩的大规模脆性破裂，可形成基岩滑坡或岩石崩滑型扇体，伴随着这一过程将形成山前被沉积物覆盖的凹坑，后期水体可在这一区域汇聚；③由于流土作用可沿基岩形成顶部斜坡流域盆地，进而形成流土扇体。这一阶段形成的扇体可为陡倾的锥形体，但延伸距离较小。其中基岩型塌积体可以根据其与下部基岩或基岩风化土壤层直接接触、向坡下方粒度变粗及向粗粒碎屑倾斜等特征予以识别（Bull，1972）。

阶段二为较典型冲积扇体的形成阶段。在这一阶段冲积扇体主要为泥石流搬运或片流搬运沉积成因，岩石流搬运成因较少，所占扇体比重小。扇体轴向延伸距离一般小于4km，扇体平均坡度4°～10°。从阶段一基岩冲积扇到阶段二泥石流冲积扇或片流冲积扇转变的原因主要有以下几点：①流域盆地的扩大，流域内水系增多；②流域盆地具有储集塌积物的能力，同时流域盆地内水系可水体可抵达扇体。这一阶段流域盆地内基岩仍有大部分暴露，但形成较为显著的塌积斜坡。

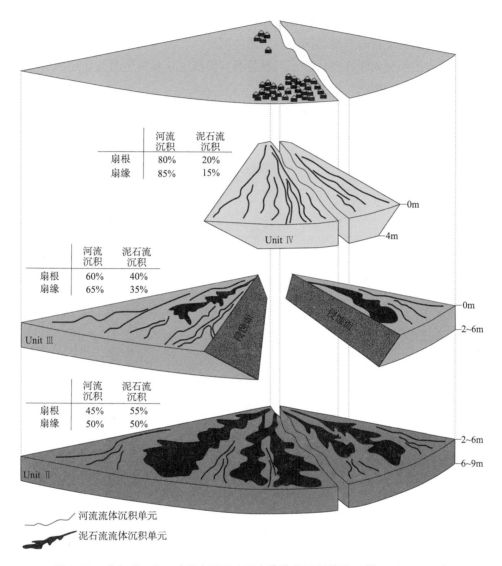

图 1.43 瑞士 Illgarben 冲积扇地面之下扇体演化过程单元（据 Franke，2015）

阶段三多以发育下切河道为特征，从下切河道沉积流体可以从冲积扇上部抵达活动朵体。这一阶段冲积扇仍以泥石流冲积扇或片流冲积扇为特征，扇体坡度在2°～8°之间，冲积扇的进积随着下切河道的延伸而发育。这一阶段冲积扇通常具有相对较大并且发育完整的流域水系。

余宽宏（2015）在对准噶尔盆地克拉玛依油田三叠系克下组钻井取芯洪积砾岩特征与现代冲积扇沉积特征对比分析的基础上，对克下组洪积扇砂砾岩体演化过程进行分析，并建立起沉积演化模式（图1.44），认为构造活动较强烈作用及干旱气候条件下，凹凸不平的古地貌对早期沉积物分布具有重要作用，阵发性流水沉积物首先选择性堆积于古沟槽内，逐渐将凹凸不平的古地貌"填平补齐"，因此早期阶段沉积物分布规模有限。在古地貌填平补齐的基础上，由于气候逐渐转变为潮湿，构造活动相对减弱，使得沉积地层开始连续发育，地层在横向上为多期洪积扇的叠加，冲积扇由早期杂乱堆积转变为分选磨圆较好、河道充填冲刷构造较为明显的河流为主的冲积扇。晚期构造活动平静，山体与盆地高差减小，洪积扇逐渐向物源方向迁移，气候湿润，冲积扇具有常年河流作用的辫状河流型洪积扇，研究区转变为辫状河流冲积平原。

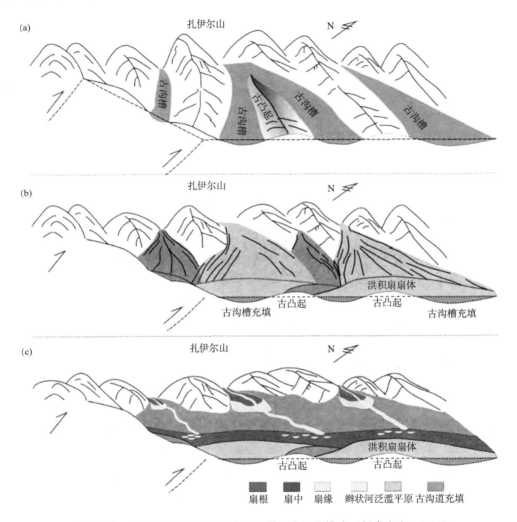

图1.44　克拉玛依油田三叠系克下组洪积扇沉积模式（据余宽宏，2015）

从上述冲积扇演化阶段可见综合沉积模式往往具有一定的片面性，同时也难以准确概括各类冲积扇的沉积特征及沉积演化过程，因此从冲积扇成因类型出发进行冲积扇沉积模式的建立应更具有科学意义，目前国际上主流趋势也主要是对不同成因及不同沉积环境下的扇体发育特征进行研究。

第六节 冲积扇发育的影响因素

一、流域盆地

1. 流域盆地内基岩岩性

流域盆地内基岩岩性是影响冲积扇初始沉积过程的重要因素（Blair，1994、1999），不同岩性的基岩风化产生的沉积物数量及性质会产生较大差异。干旱气候下持续性构造活动造山带对冲积扇发育最为有利，基岩风化产生的碎屑沉积物数量取决于以下几点：①邻近断层处形成的裂缝发育程度；②基岩岩层内部是否发育层面或页理面等不连续界面；③基岩对化学风化及非构造物理风化的响应程度。

花岗岩、闪长岩等深成岩及片麻岩类基岩往往由于破裂、剥落或岩石瓦解而形成从砂级到巨砾级的碎屑。冲积扇内粗粒级沉积物主要来源于深成岩发育的较为均一的结晶质节理构造。片麻岩类基岩由于内部存在变质叶理等非均质性构造，因此一般形成刀刃状、扁平或扁圆状巨砾。从上述类型基岩形成的巨砾，或为角砾状，或具一定磨圆，这取决于其碎屑颗粒边部的风化程度。同时，由于晶体的分解，上述基岩也可产生较为细粒的砂级或细砾级碎屑物质。由于泥级的碎屑成分可由构造碾磨所形成，但绝大多数还是来源于长石等副矿物的水解作用，因此在较干旱条件下泥级碎屑产生速率较慢，产量也较少（Blair，2009）。

相对较为均质并致密的石英质岩或碳酸盐岩类及胶结致密的碎屑岩类基岩，一般毗邻山前带形成大量的脆性破裂，从而产生角砾状的中砾级—粗砾级碎屑，而砂级、粉砂级、泥级碎屑产量较少。

细粒级基岩，如泥岩变质岩、泥页岩、凝灰岩等，经历风化破裂作用后可形成泥级—巨砾级碎屑沉积物，特别是泥级沉积物含量丰富，但这一基岩岩石分解无法形成砂级碎屑，因此砂级碎屑含量较低。

不同基岩风化过程及风化产物的差异将造成碎屑沉积物不同的搬运方式，进而控制扇体的成因机制（图1.45）。脆性基岩破碎一般会产生岩石崩塌、岩石崩滑、岩石滑坡，具有水敏性的细粒基岩，如泥岩可能产生流土。基岩风化后如果产生数量较为丰富的砾石及砂级碎屑而泥质成分较少时，当有水体注入，塌积物黏性较低，因此主要以下切河道或片流的形式进行搬运。细粒基岩，如泥岩、泥岩变质岩及火山岩等，不仅会产生砾级碎屑，同时风化塌积物中泥质含量较高，因此当有水体注入时，主要形成具有黏性的泥石流。同时基岩岩性的不同也会使得其风化塌积物的水体侵蚀速率不同，一般花岗岩类基岩塌积物大部分可被水体带走，而角闪岩类基岩塌积物由于黏性相对较大，仅部分被带走（Bull，1979）。

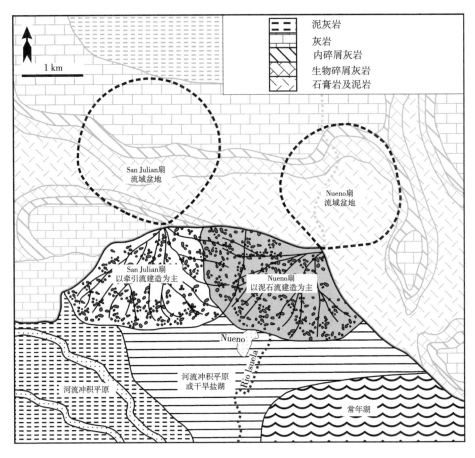

图 1.45　西班牙 Ebro 盆地内部不同基岩岩性流域控制下的扇体差异（据 Nichols，2005）

2. 流域盆地形态及规模

流域盆地的整体形状及演化对冲积扇沉积物的沉积过程具有一定的影响作用。流域盆地形状可影响冲积扇沉积坡度、供给水道剖面形态、冲积扇高度、洪水爆发的频繁性及沉积物储集能力。不同地势坡度、基岩类型及流域盆地沉积物储集能力均可以决定不同的沉积物搬运过程。流域海拔高度及面积可以决定碎屑沉积物产生量及一次洪流所能携带量的大小，同时流域盆地的高度也可以影响其接受降水或雪融水的几率。

流域盆地可输送或存储沉积物数量的多少取决于其面积大小，而流域面积可小于 $1km^2$，也可大于 $100km^2$。其内部补给水道的下切程度和宽度可以随着作用时间的增加而增大，进而可以存储携带的塌积物及泥石流。补给水道中可存储的沉积物体积取决于其长度和宽度，补给水道纵向剖面可以呈连续的坡形，也可具有一定坡度变化，在坡度减小的河段将可导致沉积物的沉积，沉积物体积随河道宽度增大而增大，其大小将会影响其形成扇体的大小。补给水道的沉积物存储能力往往与流域盆地大小呈正比，并可以反映其下部基岩构造的复杂性。一般而言，流域盆地面积与扇面积成正比（图 1.46），而与扇体坡度成反比（图 1.47）。

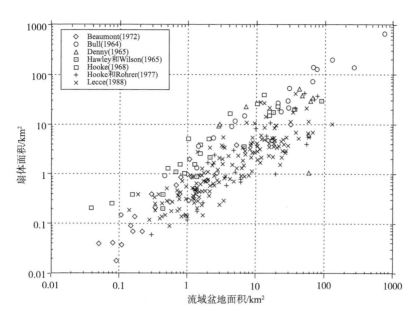

图 1.46　各现代扇体流域盆地面积与扇体面积关系（据 Blair，2009）

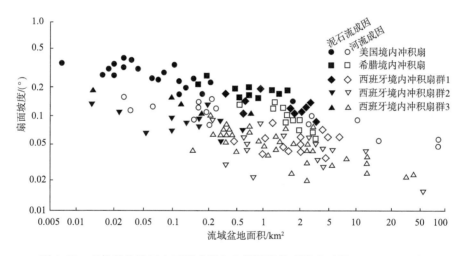

图 1.47　克拉玛依油田克下组冲积扇内部沉积构型模式（据 Harvey，2011）

二、扇体周缘环境

冲积扇体邻近部位发育的风成相、河流相、湖相、海相或火山活动等（图 1.48）均会影响并改造冲积扇的形成过程。

其中风成席状砂或风成沙丘会限制水流或泥石流的运动距离 ［图 1.49（a）］，进而使得冲积扇更多沉积于近山体部位。同时风成沙丘的存在将造成地貌屏障，从而使非限制性流体转变为河道化流体（Blair，2009）。

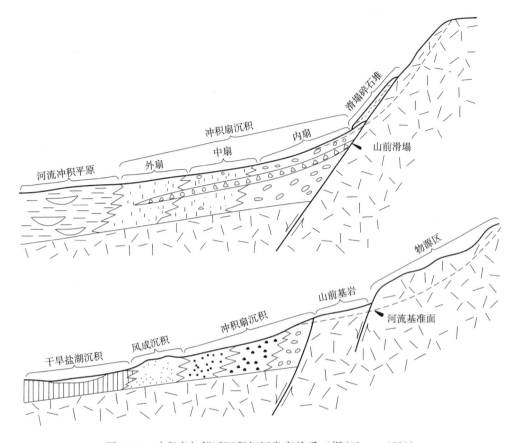

图 1.48　冲积扇与邻近沉积相间发育关系（据 Nilsen，1981）

河流相，特别是沿盆地长轴方向发育的河流将会对扇缘产生侵蚀（toe cuts）[图 1.49（b）、（c）]，而这一侵蚀作用将使得冲沟产生溯源侵蚀作用，同时河流的不断下切侵蚀作用将造成冲积扇不断地向更低的阶地处发育（Drew，1873；Bowman，1978；Colombo，2005）。

扇体边部湖相或海相水体的存在可以对冲积扇演化起到一定的影响作用[图 1.49（d）、（e）]，如扇体表面沉积流体进入岸线后可转变为水下流体（Sneh，1979；Colombo，2005）。扇体的沉积物也可以被波浪或沿岸流所改造，从而转变为滨岸相沉积（Link，1985；Beckvar，1988；Blair，1999；Ibbeken，2000）。同时水体深度的大范围波动也会使得冲积扇受到大范围的侵蚀改造，整个扇面部分也会形成坡度较陡的斜坡，同样水体的下降也会引发冲沟的溯源侵蚀作用（Harvey，2005）。在扇缘部位也可以发育层状的蒸发盐层及盐湖沉积，这一沉积环境不仅促进了碎屑颗粒的风化作用，同时由于坡度的降低也使得冲积扇流体内碎屑沉积物更易沉积。

火山活动可以通过向流域盆地内或直接向扇体提供火山灰而使得冲积扇沉积流体受到干扰，并在较陡的流域盆地斜坡处促进泥石流的形成。同时火山活动沿山前断裂带喷发出地表的物质可以对扇体沉积物的搬运产生阻挡作用，更为强烈的情况下，整个扇体均可被抗侵蚀的玄武岩所覆盖［图1.49（f）］。

图1.49　现代冲积扇及其邻近沉积环境（据 Blair，2009）

三、气候条件

气候对冲积扇演化的影响主要体现在三个方面，即降水、温度和植被。这三个因素主要是通过影响基岩的风化速率、沉积物产量和初始沉积过程周期进而影响冲积扇的演化［图1.50（a）］。其中降水是最基本的因素，如果没有降水，风化作用和植被的发育将受限，同时沉积物的搬运方式也主要局限于岩石崩塌、岩石崩滑、岩石滑坡。而在相对较少的降水条件下，风化作用和扇体的加积仍然可以继续进行。

单次降水量的密集度和降水的频率所产生的水量必须要超过流域盆地的渗流容量，伴随后期强烈降水才会使得坡面流得以形成，碎屑沉积物才可能会被搬运（Leopold，1951；Ritter，1978；Caine，1980；David，2004）。降水量和降水频次对诱发冲积扇初始沉积过程具有决定性的作用。大规模密集降水的暴雨及其后续的持续性降水往往是干旱或沙漠地区诱发冲积扇形成的最重要因素。

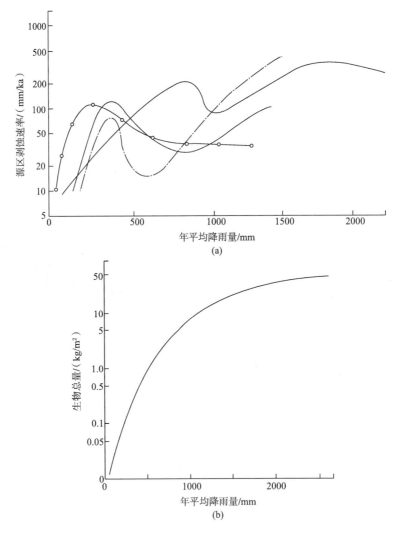

图1.50　不同降雨量与流域盆地内侵蚀量和生物量关系（据Nilsen，1981）

温度对冲积扇演化的影响相对研究程度较低。化学风化速率随着温度的增加呈指数形成增长。从山体底部到顶部，由于温度的降低而使得风化速率减慢，同时由于海拔较高处温差变化较大，其分化过程也相对加快。

植物的发育程度往往是降雨量即气候状态的一种表现形式［图1.50（b）］，由于植物根部有机酸含量相对较大使得化学风化作用得以加强，泥质产量因此增大，进而使得成土作用增强（Lustig，1965）。植物根系对沉积物具有一定的固结作用，使得斜坡处沉积物内部剪切力增大克服重力，沉积物较为稳定（Greenway，1987）。不同植物种类及发育密度同样会影响沉积坡度（Terwilliger，1991），但从长久来看，植物的稳定作用反而增加了地形坡度，当植物突然消失，沉积物将形成垮塌或滑坡（Wells，1987；Meyer，1996；Cannon，2001）。

四、构造作用

冲积扇沉积厚度、沉积位置及演化沉积旋回均受到构造活动的强烈影响，由于其分布紧邻物源区，因此其沉积特征对构造活动的响应也十分敏感。对于古代冲积扇识别其沉积旋回受控因素较为困难，一般来说冲积扇的沉积均起始于构造的抬升活动。冲积扇的形状及相带分布均主要受控于造山带与相邻盆地间构造升降的差异、风化侵蚀速率及沉积速率。山体快速构造抬升将在扇体上部及中部产生泥石流沉积，而山体抬升速率较慢的情况下将形成河道的下切及外扇部位的河流作用沉积，进而形成新的扇体部分（Nilsen，1981）。同时在构造活动盆地边界处形成的扇体一般呈向上变厚变粗的特征，而在构造较不活跃边界形成的扇体一般呈向上变薄变细的特征（Steel，1977）（图1.51）。

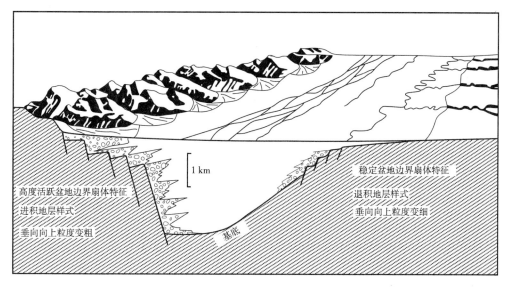

图1.51　不同部位冲积扇垂向序列特征（据Steel，1977）

特别的是，构造升降、断层侧向迁移速率及其组合样式将对冲积扇的形态及沉积演化过程产生重要影响。如在多条平行盆地边缘的断层与顺源调节断层组合的条件下，调节断层走滑活动导致物源区溯源剥蚀，扇体呈快速退积而形成薄层条带溯源叠置组合。同时，调节断裂的平移活动会影响物源出口位置的侧向偏移，形成侧向迁移叠置扇体组合；在强烈活动的交叉状同生逆断层组合条件下，则形成多期厚层垂向叠置扇体组合（图1.52）。此外，半地堑中构造活跃的一侧由于具有较大的构造沉降量使得其产生的扇体规模一般小于非构造活跃区的扇体（Hunt，1966）。同时构造活动还可以通过改变气候及植被发育来影响扇体演化。构造抬升使得气候和植被发育要重新调整，进而改变整个流域盆地风化侵蚀的程度，造成沉积物供给速率或洪水爆发频率被改变，从而影响扇体的初始沉积过程。

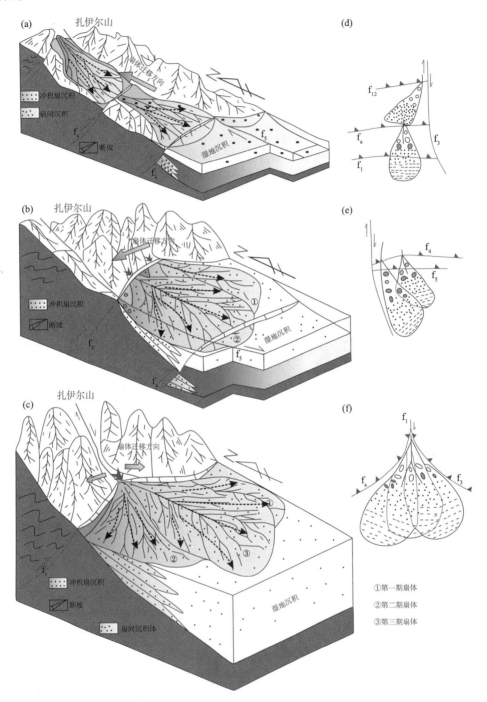

图 1.52 同沉积逆断层不同组合样式控制下扇体的形成与叠置（据印森林，2016）

第二章 白杨河冲积扇发育区域地质背景

尽管冲积扇在各类地质背景下均可发育，但由于其沉积过程复杂且受多种因素控制，因而很难建立一个普遍适用且高度概括的沉积模式，因此需针对特定地质条件下发育的扇体进行沉积模式的建立。整体而言，白杨河冲积扇发育于干旱气候条件下且构造活动较为频繁的区域，同时扇体发育受控于阵发性洪水。

第一节 区域构造位置及构造条件

现代白杨河冲积扇发育于准噶尔盆地西北缘处和什托洛盖盆地北缘（图2.1），为现今盆地边缘最典型也最为显著的山前沉积体系之一。

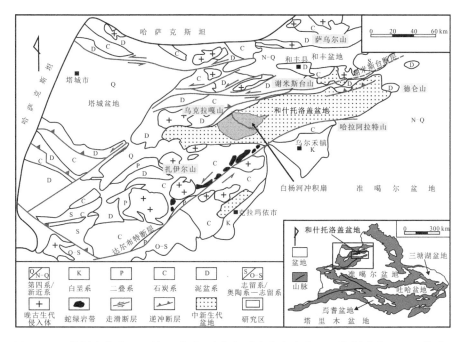

图2.1 和什托洛盖盆地区域地质图及白杨河冲积扇发育位置（据渠洪杰，2008修改）

和什托洛盖盆地位于新疆西北部（图2.1），为西准噶尔晚古生代造山带逆冲推覆构造上盘发育的一个中、新生代中小型山间盆地，属于中亚—蒙古巨型构造带的一部分（胡杨，2011；孙自明，2015）。平面上，盆地总体呈北东东—南西西向展布，长轴方向长约230km，中部最宽约50km，面积约为5900km^2，最大沉积厚度约5000m（马宝军，2009；孙自明，2015）。盆地北依谢米斯台山，西南被乌克拉嘎山和扎伊尔山环绕，南抵哈拉阿拉特山，东端可达德仑山前。盆地周缘山体主要为晚古生代碎屑岩、火山岩、火山—沉积岩及酸性—中酸性侵入岩体组成（渠洪杰，2008；龚一鸣，2015）。

和什托洛盖盆地内部构造条件较为复杂（渠洪杰，2008；胡杨，2012；孙自明，2015），依据地层发育特征、断裂展布及构造变形差异，可将盆地划分为北部断褶带、中央坳陷带和南部斜坡带三个构造单元，且各构造单元均呈北东东—南西西向展布［图2.2（a）］。其中中央坳陷带可进一步区分出白杨河凹陷、风台凸起及和布克河凹陷三个次级构造单元。

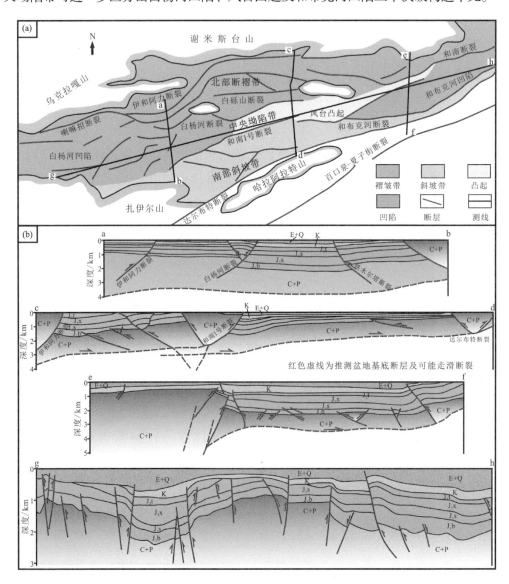

图2.2　和什托洛盖盆地构造纲要图（a）及构造剖面图（b）（据马宝军，2009修改）

　　盆地周缘及盆地内部逆冲断裂均极其发育（胡杨，2011；马宝军，2009），其中盆地北部的谢米斯台山山前断裂和盆地南部的达尔布特断裂在盆地形成与演化过程中具有重要的作用，为控盆边界断裂。虽然盆地内部及边界断裂均属逆冲断层，但同时又均具有不同程度的走滑特征（马宝军，2009；孙自明，2015），剖面可见"花状构造"，且各断层组合主要呈现出对冲及逆冲三角带两种构造样式［图2.2（b）］。值得注意的是，尽管盆地内部断裂多被第四系沉积覆盖，成为隐伏断裂，但仍有相当数量的断层或断裂带断穿至地表，且断裂形迹也较为清晰。

第二节　研究区构造—沉积演化

　　和什托洛盖盆地自石炭纪末开始发育，并经历中生代及新生代不同构造期次的影响。盆地基底主要由泥盆系、石炭系及二叠系的岩浆岩及少量沉积岩组成（渠洪杰，2008）。基底之上发育分布较为局限的上三叠统地层和巨厚的侏罗系、白垩系及新生界（图2.2），并以侏罗系和白垩系陆相沉积地层为主要充填物，而新生界沉积物以第四系戈壁砾石层为主。盆地属典型的叠合盆地（图2.3），其形成及演化过程可划分为以下三个阶段（马宝军，2009；胡杨，2011）。

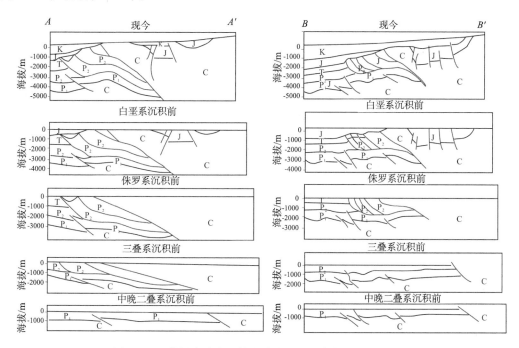

图2.3　和什托洛盖盆地构造演化图（据胡杨，2011修改）

　　（1）盆地雏形阶段（C-T）：石炭纪开始，伴随着西伯利亚板块、哈萨克斯坦板块和准噶尔板块的俯冲汇聚，古洋壳逐渐消亡造陆，盆地基底开始发生西倾。而印支运动的再次强烈挤压推覆使得盆地周缘剧烈抬升（图2.3），且断裂广泛发育，进而逐渐形成盆地的雏形，并在局部低洼地段沉积三叠系边缘相碎屑沉积物。

（2）盆地主要发育阶段（J－K）：燕山运动早期，盆地由区域挤压应力环境向伸展环境转变，盆地沉积范围迅速扩大，水体加深，沉积了巨厚的下、中侏罗统。侏罗纪末，盆地再次受到强烈挤压且具有扭动性质，使得风台凸起隆升，而其两侧白杨河凹陷与和布克河凹陷内部呈箕状沉积特征。白垩纪时，盆地再次整体沉降，形成了一套全区厚度较为一致的沉积地层。

（3）盆地改造期（E－Q）：新生代喜马拉雅构造运动对盆地的影响最为深刻，受控于南北向逆冲推覆及挤压构造作用，盆地内部及盆缘先存断裂大规模复活，盆地中央风台逆冲三角块再次强烈抬升，最终形成凹中隆（图2.3）。这一时期达尔布特断裂和谢米斯台断裂形成了较大的逆冲断距，使得和什托洛盖盆地与准噶尔盆地完全分隔，盆内沉积了较厚的新生界地层。

特别的是，受控于来自印度板块与欧亚板块持续碰撞所形成的强烈挤压应力场及处于造山带内部的构造位置，使得现今和什托洛盖盆地新构造活动较为频繁，逆断层型及走滑断层型地震时有发生（谢富仁，2004；王继，2008），而这些频繁的断层活动对整个盆地第四系沉积地貌具有重要的影响。

第三节　研究区气候及水文地质条件

和什托洛盖盆地地理位置处于欧亚大陆腹地，远离海洋，气候干燥，属于典型的寒温带大陆性干旱—极干旱气候（闫培峰，2008；冉玲，2010）。据统计，现今盆地内部多年平均降水量为144.3mm，其中约60%集中在6～8月，而多年平均蒸发量达1841.6mm，整体干燥少雨，且时空分布极为不均（冉玲，2010；杨龙奎，2011；阿依夏，2012）。全区全年盛行西风、西北风，风力最大可达12级，年平均风速为3m/s，最大瞬时风速可达34m/s（杨龙奎，2011；阿依夏，2012）。受控于这一恶劣气候条件，区域内植被较不发育。

白杨河冲积扇处于现今盆地内部白杨河流域内（图2.3），其形成演化受控于流域内的主要河流——白杨河。白杨河河流走向由西北向东南，沿途汇入各支流体系，自然状态下最终汇入下游准噶尔盆地内的艾里克湖中，河流总长约68.8km，河源海拔高程约为2600m，平均海拔高程950m（冉玲，2010）。白杨河流出山口之上为汇水区，其海拔较高，降水量相对较多，是主要产水区。

白杨河河流径流量补给在汛期以季节性融雪和降水为主，在枯水期则以降雨和地下水形式补给（阿依夏，2012；吕辉河，2013）。从白杨河上游出山口位置的730水文站（图2.4）1962～2007年近46年间记录的白杨河月平均径流量数据看（表2.1），河流径流量年内分配极为不均。河流年平均径流量最大出现于 4 ~ 7 月，占年径流量的 87.5% ~ 91.7%，其中春季（3 ~ 5 月）水量多于夏季（6 ~ 8 月）和秋季（9 ~ 11 月），而冬季（12 ~ 2 月）水量最小。上述现象反映了冬季积雪厚，春季气温回升，大范围积雪融化形成的融雪型径流补给的特点（冉玲，2010；阿依夏，2012）。对比河流径流量与年降水量变化可见（图 2.5），降水量最大出现于 7 ~ 8 月，但径流量反而减小，这一现象说明夏季的炎热高温使得河流水流大量蒸发且伴随着不断下渗，气温对径流量具有负贡献率。特别的是，在干旱气候条件下，流域内大多数河流由于出山口后即进入径流散失区，蒸发量大于补给量，且伴随着水流渗入地下而转变为地下径流，使得河流水量不断减小，进而造成河流流程较短，并可最终逐渐消失殆尽于平原区（李晓红，2008）。

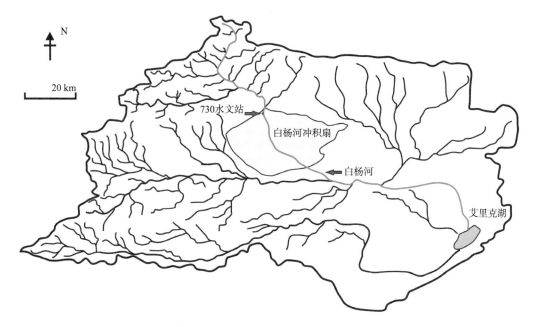

图 2.4　白杨河流域水系及白杨河冲积扇发育位置图（据吕辉河，2013 修改）

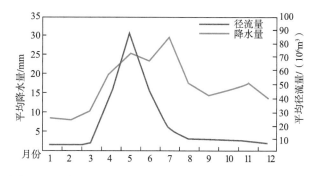

图 2.5　白杨河 730 水文站月平均降水量与月径流量（据冉玲等，2010 修改）

值得注意的是，白杨河的大规模洪水作用主要发生在 4 ~ 6 月间，并且洪水可划分为三种类型（冉玲，2010；阿依夏，2012），即暴雨成因型洪水、融雪成因型洪水及雨雪混合成因型洪水（图2.6）。据730水文站实测水文资料分析（表2.1），暴雨型洪水具有强度高、历时时间短的特点，一般持续时间为几个小时到几十个小时［图2.6（a）］；而融雪型洪水出现时间和规模受控于气温和积雪厚度等条件，洪水在时程分布上较平坦，可呈一日一峰的特点［图2.6（b）］；相比而言，雨雪混合型洪水历时时间最长，规模及洪量也最大［图2.6（c）］，如730水文站1994年4月29日实测的白杨河最大洪峰流量可达320m³/s，为该河50年一遇的洪水。

表2.1　730水文站记录白杨河各季平均水量分配（据冉玲，2010）

年径流量/ (10⁸m³)	各季水量占年水量百分比/%				最小水量月	最大水量月	水量连续最大四个月	
	春季	夏季	秋季	冬季			时间	全年百分比/%
2.450	55.9	30.7	9.1	4.3	2	5	4~7	87.5

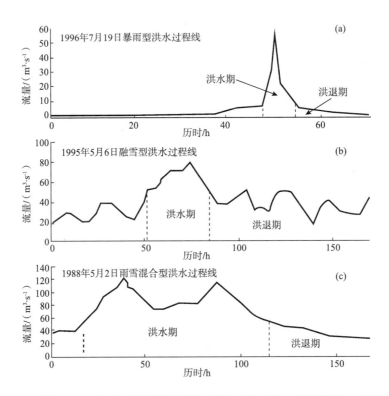

图2.6　白杨河730水文站记录不同成因洪水流量变化过程（据阿依夏，2012修改）

综上所述，可见整个白杨河流域内及形成白杨河冲积扇的各河流体系具有季节性发育的特征，河流径流量受季节性气温、降水及融雪变化影响较大，属季节性河流。由上述水文地质条件可推断，受控于干旱的气候条件，形成扇体的洪水作用也往往具有阵发性，且洪水持续时间相对较短。因此类似于河流洪水作用过程，扇体建造也可进一步区分为洪水期和洪退期两个演化阶段（图2.6）。

第三章　白杨河冲积扇基本概况及测点分布

白杨河冲积扇整体规模较大，沉积粒度粗且砾石磨圆较好，扇体形态具有一定对称性，扇面坡度较缓，同时其出山口上游方向具有一较大的流域盆地，因此其与典型的泥石流型冲积扇具有较大差异。特别的是，扇体建造所需的水和沉积物均来自于白杨河的供给。

第一节　盆地边缘扇群特征对比

实地野外勘探表明现今和什托洛盖盆地北缘发育冲积扇群，扇群内部按扇体上游流域盆地大小可区分为两种类型，分别为山前近源冲积扇和远源冲积扇（图3.1）。这两类扇体在形态规模、沉积物组成等方面具有较大差异。

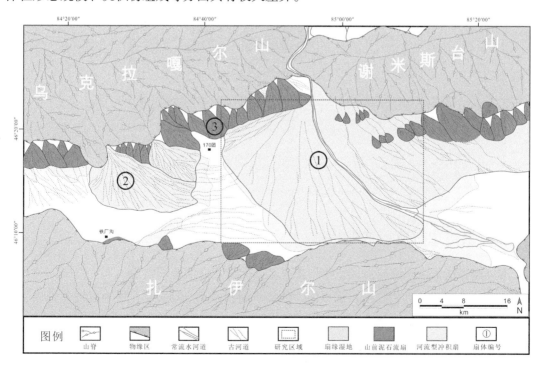

图 3.1　和什托洛盖盆地北缘扇群发育特征

所谓近源冲积扇，即扇体自扇顶测点位置（出山口处）向上游方向可供给扇体沉积物的水系延伸距离短且规模小、数量少。展布规模上，近源冲积扇轴向长度约 4～8km，横向宽度约2～4km。扇面坡度上，山前近源冲积扇扇面平均坡角约 6.1°～9.7°。沉积厚度上，近源冲积扇厚度较薄，一般为 10～50m。沉积物组成上，近源冲积扇内部多见杂基支撑砾岩和块状颗粒支撑砾岩，多为泥石流沉积产物，常见"漂砾"现象，且分选极差，砾石多为棱角状。同时扇面上可见流沟以及沟间滩，且流沟内的沉积物粒度往往较沟间滩更细。

相较于近源冲积扇，长源冲积扇自扇顶测点位置（出山口处）向上游方向可供给扇体沉积物的水系延伸距离长且规模及数量更大。展布规模上，长源冲积扇轴向长度约 10～30km，横向宽度可达 10～25km。扇面坡度上，长源冲积扇十分平缓，扇面坡角约 0.3°～2°，本次研究的白杨河长源冲积扇的扇面坡角则更为平缓，仅为 0.3°～0.9°（图 3.2）。沉积厚度上，长源冲积扇厚度较厚，可达 200～400m。沉积物组成上，长源冲积扇内泥石流沉积分布局限，并多以牵引流沉积建造为主，沉积物发育层理构造，分选中等，且砾石磨圆较好，多为次棱角状—次圆状。

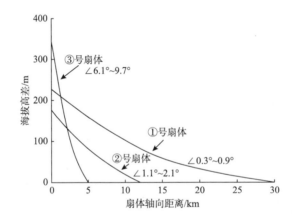

图 3.2　和什托洛盖盆地北缘扇群内部不同类型扇体扇面坡度特征对比

第二节　白杨河冲积扇基本概况

一、扇体上游流域盆地特征

扇体建造所需的水及碎屑沉积物均来自于其上游方向的流域盆地内部。白杨河冲积扇上游流域盆地面积（即白杨河出山口以上的集水面积）为2008km²，整个流域盆地内平均地形坡度为2.1°（冉玲，2010；吕辉河，2013），具有面积大、坡度缓的特点。流域盆地内物源区出露的岩体大部分为泥盆纪和石炭纪岩浆岩，而在近山前带局部地区可出露新生界及侏罗系沉积地层（图 3.3）。

　　泥盆纪和石炭纪岩浆岩主要发育有安山岩、流纹岩、霏细岩、玄武岩、辉绿玢岩、凝灰质角砾岩及火山碎屑岩，此外可见泥盆纪—石炭纪海相硅质岩、灰岩及滨岸砂岩（渠洪杰，2008；龚一鸣，2015）。流域盆地内物源区同时可见大面积分布的志留纪、石炭纪及二叠纪花岗岩及花岗斑岩侵入体（图3.3）。山前带局部出露的新生界和侏罗系碎屑岩沉积地层主要发育粗粒的山麓洪积相沉积及河流相砾岩、砂岩沉积，且内部可夹薄煤层。由此可见，白杨河冲积扇上游流域盆地内碎屑沉积物多来源于隆升的脆性岩浆岩或沉积岩，缺乏细粒的母岩，即泥质变质岩类或泥岩。同时，整个流域盆地内部也缺少植被覆盖，仅可见零星发育的耐旱性矮树丛。

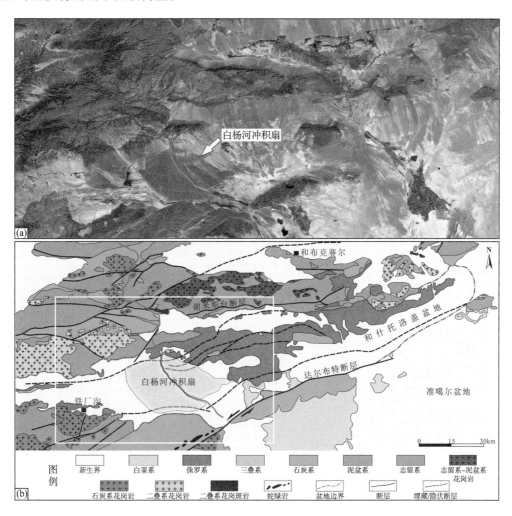

图3.3　白杨河冲积扇发育区区域卫星照片（a）及区域地质图（b）

二、扇体形态及地貌单元构成

　　整体上，白杨河冲积扇扇体形态具有一定的对称性，但被现今白杨河分割为东、西两部分，其中西侧扇体面积较东侧扇体更大（图3.4）。整个扇面开口角度约140°，轴向最大长度约31km，横向最大宽度约37km，扇体覆盖面积约730km²，为现今和什托洛盖盆地北缘山前最大也最为显著的沉积体［图3.3 (a)］。

扇体表面覆盖有发育棕色或棕黑色"沙漠漆"的滞留砾石层［图3.5 (a)］，砾石层底部普遍存在一薄层的粉砂质或泥质土壤层［图3.5 (b)］。其中砾石层内砾石表面"沙漠漆"的形成为典型干旱气候条件下的风化成因，为在暴露地表条件下在砾石表面形成的水合Fe^{3+}与氧化锰的氧化包膜（Ritter，2000；Liu，2007）。因此，整个扇面已废弃或遭受长期风化的部分在卫星图像上呈暗色或灰黑色色调，而扇面活动部分由于遭受风化程度低或未风化而呈浅色或灰黄色色调（图3.4）。

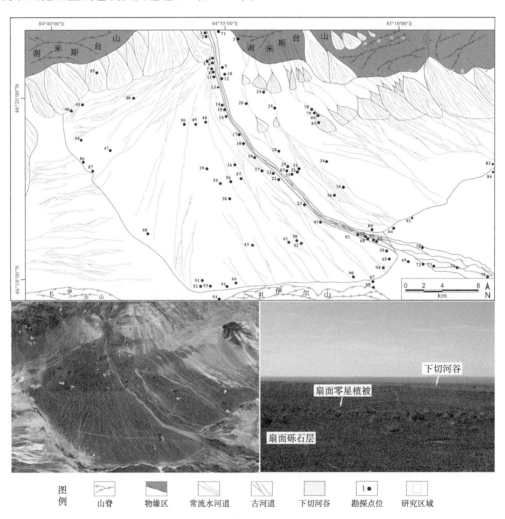

图3.4　白杨河冲积扇地貌形态及研究测点分布

现今扇体内部发育的白杨河下切河谷下切深度在扇根部位可达40m，但向下游方向下切深度不断减小，并最终消失（图3.6）。河谷内现今白杨河为粗粒的辫状河，以砾级和粗砂级碎屑沉积为主，洪泛细粒沉积较不发育（图3.4）。下切河谷内在扇中部位开始出现明显的二级阶地地貌特征，但西侧阶地的宽度及海拔高度较东侧阶地更小（图3.6）。除下切白杨河外，扇体表面还发育有数量众多的呈单支或多支呈汇流状的溯源侵蚀流沟（图3.4）。

图3.5 扇体表面发育"沙漠漆"的滞留砾石层（a）及其底部薄土壤层（b）

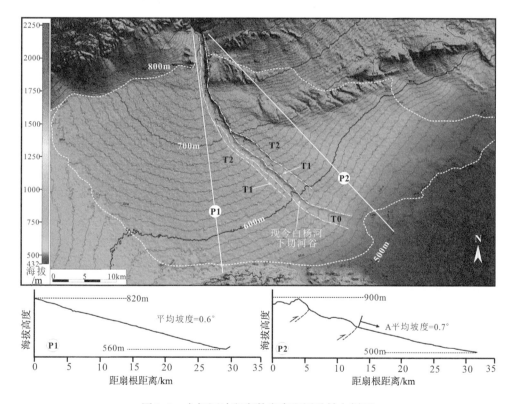

图3.6 白杨河冲积扇数字高程图及轴向剖面

受控于新构造活动的影响，整个东侧扇体改造较为强烈，逆冲断层可断穿至地表，且断裂形迹清晰（图3.4）。由于这些断层的活动使得白杨河冲积扇内部在断层下降盘一侧沿断层延伸方向可形成一系列规模较小的次生扇（图3.4）。在次生扇内部可识别出季节性河流发育，且这些河流可一直向下游延伸，并可逐渐消失（图3.4、图3.7）。同时，新构造活动发育的强度差异也使得现今扇面海拔高度变化呈现出不对称性。整体上，向扇面东南方向一侧海拔高度逐渐降低，扇缘部位在东南方向最低海拔高度为 490m，而向西南方向则可达 640m（图 3.6）。新构造活动使得东侧扇体扇根部位隆升强烈，扇面最高海拔可达 900m，且扇面坡度在扇根部位变化较大，但自扇中向扇缘方向坡度基本维持在 0.7°（图 3.6）。相比而言，西侧扇体受改造程度较小，扇根部位最大海拔高度为 820m，且扇面坡度自扇根到扇缘基本维持在 0.6°（图 3.6）。

图 3.7　现今白杨河辫状河沉积特征

第三节　研究测点分布

白杨河冲积扇研究测点共计 108 个，并选取其中 34 个出露条件较好且易于观察实测的测点进行扇体解剖（图 3.4），研究范围覆盖整个扇体。其中 28 个测点进行扇体沉积地层露头剖面研究，5 个测点进行扇面及扇体邻区地貌要素及沉积特征分析，1 个测点进行钻井取芯垂向沉积演化分析。

为了避免新构造活动对原始沉积地层的改造影响，大部分露头剖面测点选取在沿 25.8km 长的白杨河下切河谷内西侧扇体的剖面（图 3.4），这些沿河谷走向的纵向露头剖面高度在 3~20m 之间。此外，在扇缘部位还有零星分布的采石场，采石场内露头剖面多为横向剖面，剖面高度在 3~6m 之间，延伸长度在 50~200m 之间。为了更好的解释和对比扇体内部岩相及相带变化，本次研究特别在扇根、扇中及扇缘部位雇用挖掘机进行 8 个横向测点剖面的挖掘工作（测点 48~50、55~57、59、61）（图 3.4）。其中扇体各部位挖掘剖面点间横向间距为 1.5km，剖面高度为 4m，剖面长度为 50m（图 3.8）。

图 3.8　人工挖掘横向剖面特征（测点 50、56）

第四章　白杨河冲积扇岩相类型及成因

岩石相是沉积环境最直观也是最原始的物质记录。在不同的沉积搬运介质条件下形成的岩石相在岩性、结构、构造、古生物及构型形态上均会出现较大差异。整体上，白杨河冲积扇沉积粒度粗，自扇根向扇缘各部位均以砾级碎屑沉积为主，缺乏细粒沉积，岩石结构成熟度和成分成熟度均较低。

白杨河冲积扇内部可进一步区分出 16 种岩相类型。其中砾岩可区分出杂基支撑砾岩（Gmm）、块状砾岩（Gcm）、递变层理砾岩（Gcg）、交错层理砾岩（Gcc）、片流砾岩（Gcs）、叠瓦状排列砾岩（Gci）、支撑砾岩（Gco）以及"S"型前积层理砾岩（Gcf）8 种岩相类型（表 4.1）。砂岩/粉砂岩可区分出块状砂岩（Sm）、平行层理砂岩（Sh）、大型交错层理砂岩（Scl）、小型交错层理砂岩（Scs）、风成交错层理砂岩（Se）、波纹层理粉砂岩（Fr）及块状粉砂岩（Fm）7 种岩相类型（表 4.2）。泥岩仅包括块状泥岩（M）1 种岩相类型（表 4.2）。

表 4.1　白杨河冲积扇内部发育砾岩岩相类型

名称/符号	岩相描述	成因解释
杂基支撑砾岩 Gmm	杂基支撑；中砾—粗砾级；分选极差；砾石圆状—次圆状；杂基为粗砂—细砾，整体具有反粒序变化，单个单元层厚 3~10m；层状并具有一定延展性，岩层形状不规则，平行基底接触	泥石流沉积；短距离泥石流沉积之后的少量砾石与细粒砂混合的快速沉积（Miall，1985；George 等，1988）；阵发性洪水事件/暴雨导致的沉积物高度聚集的快速沉积（Nemec 等，1984）
块状砾岩 Gcm	颗粒支撑；中砾—粗砾级；分选级差甚至无分选；砾石次圆状—次棱角状；杂基为中粗砂—细砾级，并伴粉砂和中砾；无粒序变化；沉积规模变化大，沉积体可呈层状，垂向厚度可达 5~6m，横向延伸可达数十米，也可呈透镜状，底部具有较明显的侵蚀接触面；内部存在 20~60cm 厚的砂泥透镜体	高流态水流中，砾石负载沉积及在水流减弱时期河道底部的滞留沉积以及纵向沙坝上的推移质加积作用；侵蚀河道的底部，由湍流形成的底型沉积（Hein 等，1977；Miall，1985；Nemec 等，1984；Todd，1989）
递变层理砾岩 Gcg	颗粒支撑，无成层性；中砾—粗砾级；分选差；砾石次圆状—次棱角状；杂基含量较多，多为粗砂—细砾，并伴有细砂和粉砂；整体具正粒序；呈厚层层状并具有一定延伸；内部存在薄层条带状砂岩	水流流速降低时，河流所携沉积物快速卸载沉积；辫状河道内湍流沉积（Miall，1985；Todd，1989）

续表

名称/符号	岩相描述	成因解释
交错层理砾岩 Gcc	颗粒支撑；细砾—中砾级；分选较差—中等；砾石次棱角状—次圆状；杂基含量不一，多为中砂—粗砂正粒序；层理厚度 2~5cm，层系厚度 25~50cm，层系组可达到 1~3m；粗砾滞留，柔流变形结构常见；底部冲刷侵蚀面明显；板状交错层理经常孤立分布在交错层理中并组成厚层单元；少见低倾角（<5°）的交错层理	含砾的辫状河沉积产物，辫状河道（$V_水 \approx 2~3m/s$）中的底型迁移形成坝体沉积；坝体或浅河道内的侧向加积物或坡积物，或者次级河道的砾质充填（Hein 等，1977；Philip，1981；Miall，1985）
片流砾岩 Gcs	颗粒支撑；细砾—中砾级；分选差；砾石为次棱角状—次圆状；砾间杂基多为中—粗砂级；单层平均厚度 10~20cm，沉积体沉积厚度可达 2~6m，横向展布可达数百米；正粒序，单层底部具局部低角度叠瓦排列的砾石（倾角 2°~5°）	高流态条件下的河道内或非限制河道内片流沉积；在超临界扩散水流条件下，由片状洪流（$V_水 \approx 3~6m/s$）沉积产生（Blair，1999b）
叠瓦状排列砾岩 Gci	颗粒支撑；中砾—粗砾级；分选较差；砾石为次棱角状—次圆状；砾间杂基为极粗砂—中砾级；整体呈正粒序；砾石叠瓦排列，具定向性，砾石倾角 20°~30°；沉积体厚度 1~2m，就有一定延伸性；底部与基底有明显的冲刷侵蚀面	超高的流态条件下主河道底部沉积；辫状河道内持续定向水流形成的河道底部沉积物（Nemec 等，1984）
支撑砾岩 Gco	颗粒支撑；细砾—中砾级，少见粗砾级；砾石为次棱角状—次圆状；分选中等，局部可见砾石叠瓦排列，框架结构，砾间杂基含量极少甚至无杂；正粒序；分布具有一定延伸，呈带状展布，层厚 2~10cm	在限制性（辫状）河道环境中常流水区湍流持续冲洗（例如：持续的山区水流）；在水流流态高且变化快的条件下，水流对砾石淘洗再沉积作用（Blair，1999a、2000）
"S"型前积层理砾岩 Gcf	颗粒支撑；由细砾—中砾级；砾间杂基含量高，多为中—极粗砂级；分选较差；砾石多为次棱角状；具有明显的前积"S"层理；单个前积层理厚度 20~15cm，沉积体呈底平顶凸的透镜状，垂向厚度 1~1.5m，横向长度 5~8m	辫状河道内含坝体纵向、横向迁移沉积（Miall，1985）

表4.2　白杨河冲积扇内部发育砂/粉砂岩及泥岩岩相类型

名称/符号	岩相描述	成因解释
块状砂岩 Sm	中粒—粗粒级砂岩，含细砾；黄色或淡黄色；分选中等；块状结构，内部无层理构造；透镜状或呈席状展布，厚度约 10~20cm，长度约 2~3m；无粒序特征	水流强度衰弱时期，辫状河道内短期的、高密度水流事件沉积，形成于低流态，多为坝顶沉积的标志；生物扰动作用（Tunbridge，1984；Hülya，2013）
平行层理砂岩 Sh	中粒—粗粒级砂岩，含少量细砾；土黄或黄色；分选中等；正粒序；层理呈平行—低角度的层状，由薄层砂岩组成一套 10~30cm 厚的岩层，长度约 1~2m	形成于高流态的水流环境下或者向高流态转化水动力条件下的沉积物；河道内阵发性洪水沉积或由此产生的溢岸沉积（Kenneth 等，1993；Blair，1999b；Tjalling 等，2015b）

续表

名称/符号	岩相描述	成因解释
大型（板状/槽状/楔状）交错层理砂岩 Scl	中粒—极粗粒级砂岩，含少量细砾和中砾；黄或淡黄色；分选中等；正粒序；板状、槽状及楔状交错层理常见，层理厚度2~3cm，层系厚度30~60cm，长度1~3m，层系组厚度约1~2m，常见高角度（10°~20°）交错层倾角，以及一些逆向倾角；可见粗砾滞留，同生变形构造；底部为凹形冲刷面界面；可见植物根茎及生物挖掘痕现象	较高流态水流条件下（V≈0.7m/s），平坦河床底部大型波纹和沙坝迁移沉积，一般形成于主河道内（Miall，1996；Shukla，2001、2009）
小型交错层理砂岩（楔状/槽状）Scs	细粒—粗粒级砂岩，含少量细砾；黄色或土黄色；分选中等；正粒序；常见槽状交错层理，少见板状或楔状交错层理，层理厚度为0.5~1.5cm，层系厚度约5~10cm，层系组厚度约20~30cm，长度约30~50cm；层组中层理倾角往往是单向的，并且层理倾角可与上覆的大型层理倾角相反；底部可见凹形冲刷界面	次要河道内部，在低流态水流条件下，小规模的运移水流中沉积；河道内局部水流反向流动形成的波纹层；在水流衰减期，坝上小规模河道沉积（Kenneth等，1993；Blair，1999b）
风成交错层理砂岩 Se	极细粒—中粒级砂岩；黄色；分选较好；内部存在多套平行薄层砂岩，厚度约5mm；沉积物规模较小，厚度约10~20cm，长度约0.5~1m；呈底平顶凸的透镜状，底部与基底平行接触	风携沉积物在扇表面凹处沉积，或受地表植被遮挡形成的沉积物
交错（波纹）层理粉砂岩 Fr	粉砂级，含中细砂；土黄色；分选较好；可见波纹、交错层理，纹层厚度2~5mm，纹层组厚度10~20cm，宽度30~50cm；呈顶平底凸的透镜状，底部具不明显的冲刷侵蚀面；并具有一定程度的成土作用	小规模限制性河道内（河道较浅），低流速的常流水单元环境中的细粒沉积物；非限制河道内，低流态水流中细粒推移质沉积物（Philip，1981；Miall，1985）
块状粉砂岩 Fm	粉砂级，含细砾；黄色或土黄色；块状；分选中等；沉积体厚度30~60cm，长度2~5m；呈底平顶凸的透镜状，底部具明显的冲刷面；常与块状砾岩、交错层理砾岩伴生，为一期沉积旋回的顶部沉积物，内部可见植物根茎和生物挖掘痕迹；具有一定的成土作用	在洪水水流减弱（水流流速急剧降低）时或泥石流沉积事件后，高泥质含量的溪流中的悬浮沉降（Philip，1981；Miall，1985；Daniel等，2015）
块状泥岩 M	泥级—黏土级颗粒，含少量条带状砂岩；棕黄色或棕色；块状，内部无层理构造；局部呈透镜状（厚度0.3~1m；长度2~5m）或呈大规模片状形态；风化表面有泥裂现象；内部可见大量植物根茎和生物挖掘痕迹；具泥岩成土现象	扇缘泛滥平原沉积，漫滩沉积；在弱的水动力条件下，局限泄水区域的悬浮细粒沉积，后期被生物作用和成土作用改造；风成沉积或浅的河道沉积并被后期的沉积作用改造（Blair，1994b、1999b）

第一节　砾岩各岩相特征及成因

一、杂基支撑砾岩相（Gmm）

杂基支撑砾岩相呈厚层席状展布，内部由叠置的反韵律岩层组成，单个旋回厚度约

2~5m，累积厚度可达数十米，横向延伸距离可达数百米（表4.3）。

表 4.3　杂基支撑砾岩相沉积特征

岩相名称	岩相形态	展布规模	野外照片
杂基支撑砾岩 Gmm		单个旋厚度 2~5m；整体厚度>100m；横向延伸>1km	

杂基支撑砾岩相（Gmm）为杂基支撑结构，具有垂向反粒序特征（图4.1）；碎屑主要以中砾—粗砾为主；砾石磨圆中等，多为次圆状—次棱角状，并可见大砾石的"漂砾"现象（图4.1），最大砾石直径可达1m；沉积物分选极差，大砾石间杂基含量极多，且成分以粗砂—细砾级为主。碎屑颗粒整体平均含量为56.19%，杂基平均含量为43.81%。岩相内部不发育层理构造，且呈块状。

(a) 杂技支撑砾岩反粒序（测点71）　　　(b) 杂基支撑砾岩中的"漂砾"（测点71）

图4.1　杂基支撑砾岩岩相野外照片

岩石粒度分析显示，杂基支撑砾岩粒度概率累积曲线呈平滑上拱形［图4.2（a）］，斜率低；以砾级碎屑组分为主［图4.2（b）］，砂级/粉砂级和泥级组分较少；粒度频率分布直方图呈锯齿状，粒径分布呈宽区间特征（$-6\varphi \sim 6\varphi$）［图4.2（c）、（d）］；粒度分布频率曲线具有多个主峰，且相邻主峰之间有多个次级主峰；粒度标准偏差在2~4之间，峰度在0.7~0.9之间，较平坦；偏度在0.5~0.7之间，属很正偏；

C－M图中粒度分布近于平行C＝M基线［图4.2（e）］。

该岩相的弱成层性、杂乱无序的组构、内部"漂浮状"大砾石及缺乏层理构造等典型特征表明，其形成过程为在富沉积物和水且具有强水动力条件的沉积流体中未经过机械分异作用而形成的快速堆积。此类岩相为典型泥石流沉积产物（Miall，2010；Nemec 和 Steel，1984；Pierson，1986；Nemec 和 Postma，1993；Blair，1999），即阵发性洪水事件或者暴雨导致的沉积物高度聚集的泥石流在短距离搬运、未经过充分机械分异作用且快速沉积条件下形成的大砾石与细粒砂的混合堆积（Franke、Daniel，2015），而不同粒级碎屑的搬运及迁移受控于泥石流内部浮力、扩散力和剪切力的共同作用。

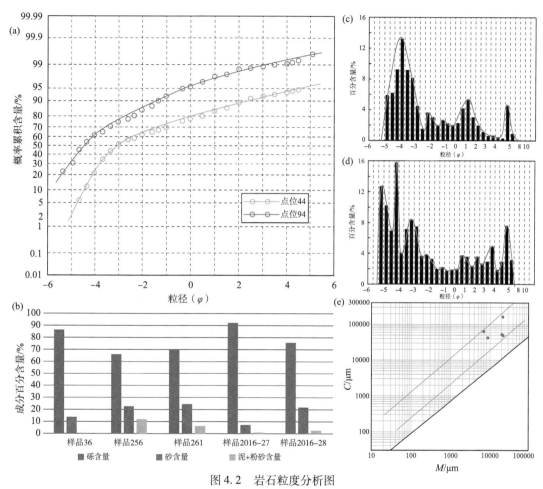

图 4.2　岩石粒度分析图

（a）杂基支撑砾岩概率累积曲线；（b）成分含量分布直方图；（c）样品 256 粒度频率分布直方图；
（d）样品 261 粒度频率分布直方图；（e）杂基支撑砾岩 C－M 图

二、块状砾岩相（Gcm）

块状砾岩相呈厚层席状展布或具透镜状形态（表 4.4），其中席状展布的岩相垂向厚度可达 5～10m，横向延伸可达数百米，岩相底部具有明显的侵蚀冲刷面；而透镜状发育的岩相常分布于河道底部，垂向厚度约 1～2m，横向长度可达 5～10m，并可见侵蚀冲刷面。

表4.4　块状砾岩相沉积特征

岩相名称	岩相形态	展布规模	野外照片
块状砾岩 Gcm		垂向厚度：5~10m；横向延伸>1km	
		垂向厚度：1~2m；横向长度：5~10m	

块状砾岩相具有颗粒支撑结构（图4.3），碎屑以中砾—粗砾级为主；砾石磨圆中等，砾石多为次圆状—次棱角状，砾石最大直径可达20~30cm；分选差到极差，大砾石间杂基多为中—极粗砂岩及细砾。该岩相整体呈块状构造，局部可见见垂向正粒序变化，但不发育层理构造，局部可见砾石叠瓦状排列现象。

(a)分选极差的块状砾岩（测点46）　　　　　(b)块状砾岩中的砂岩透镜体(测点6)

图4.3　块状颗粒支撑砾岩相野外照片

块状砾岩粒度概率累积曲线呈简单悬浮一段式或低斜率两段式 [图4.4（a）]，并以砾级组分为主 [图4.4（b）]；粒度频率分布直方图呈锯齿状，粒度频率曲线呈现出多个峰值的特征 [图4.4（c）、（d）]，粒度分布呈宽区间特征（-6φ~6φ）；标准偏差在1.5~2.18之间；峰度在0.82~1.79之间，平均为0.98，较平坦；偏度在0.25~0.78之间，平均为0.49，很正偏态；C-M图中粒度分布近于平行C=M基线 [图4.4（e）]。

沉积粒度粗且分选较差，发育典型的侵蚀底界但不发育层理构造的岩相特征表明，块状砾岩相形成于水动力较强的高流态牵引流内部，但流体呈紊流或湍流状态。该岩相多为河道内的砂砾级碎屑快速卸载沉积成因，如在侵蚀河道内部的富碎屑沉积物的湍流流体在河道底部形成的底床滞留沉积或河道内部纵向砂砾坝的垂向加积（Boothroyd 和 Ashley，1975；Hein 和 Wakler，1977；Miall，1977；Todd，1989；Nemec 和 Postma，1993）。

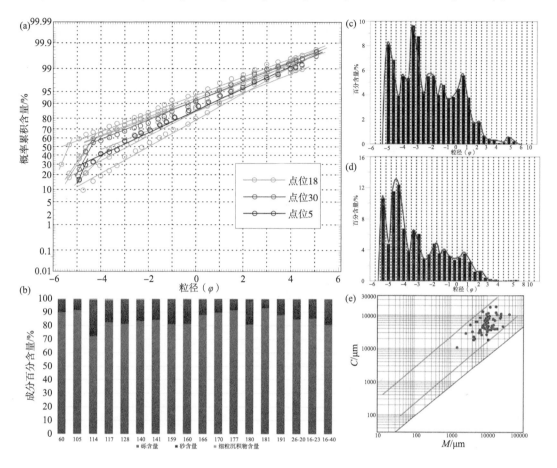

图 4.4　岩石粒度分析图

（a）块状砾岩概率累积曲线；（b）块状砾岩成分含量分布直方图；（c）样品 114 粒度频率分布直方图
（d）样品 159 粒度频率分布直方图；（e）块状砾岩 C – M 图

三、递变层理砾岩相（Gcg）

递变层理砾岩相多呈厚层席状展布，垂向厚度可达十几米，横向延伸距离可达数百米（表 4.5）。

递变层理砾岩相具有颗粒支撑结构，主要由中—粗砾级碎屑组分构成，但内部偶见薄层条带状砂岩；砾石磨圆中等，多为次圆状—次棱角状，最大砾石粒径达 20 ~ 30cm；沉积物分选差—极差，大砾石间杂基含量较多，成分多为中—粗砂及细砾。岩相内部发育典型的递变层理，即呈垂向呈正粒序变化特征（图 4.5）。

递变层理砾岩相粒度概率累积曲线呈现平滑上拱形 [图 4.6（a）]，曲线低斜率，以砾级组分为主 [图 4.6（b）]，粒径频率分布直方图呈宽区间特征（-5φ ~6φ）；粒度频

表 4.5 递变层理砾岩相沉积特征

岩相名称	岩相形态	展布规模	野外照片
递变层理砾岩 Gcg		垂向厚度 > 10m；横向延伸：0.5~1km	

(a)正粒序的递变层理砾岩(测点11)　　　　(b)分选极差的递变层理砾岩（测点9）

图 4.5 递变层理砾岩岩相野外照片

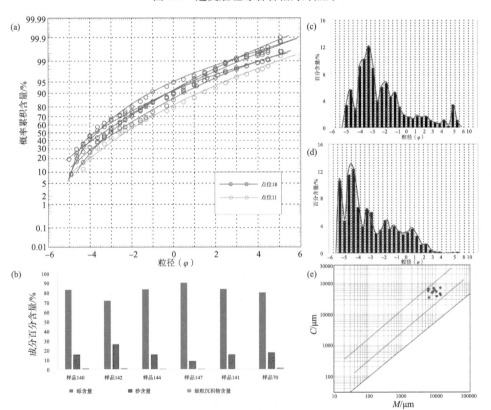

图 4.6 岩石粒度分析图

（a）递变层理砾岩概率累积曲线；（b）递变层理砾岩成分含量分布直方图；（c）样品 107 频粒度率分布直方图；

（d）样品 178 粒度频率分布直方图；（e）递变层理砾岩 C－M 图

率曲线具有多个峰值，呈现锯齿状形态［图4.6（c）、（d）］；标准偏差在1.66~2.42之间，平均为1.88；峰度在0.65~1.26之间，平均为0.97，属峰度平坦；偏度在0.23~0.65之间，平均为0.41，很正偏态；C-M图中递变层理砾岩粒度分布近于平行C=M基线［图4.6（e）］。

典型的垂向正粒序变化即递变层理的发育反映该岩相砾岩为在水流流速降低时，碎屑颗粒经过一定的机械分异作用沉积形成。但该岩相分选程度差且不发育其他类型的层理构造这一特征又说明其为水动力强、沉积物负载量大且呈湍流流态的河道化流体内部水动力减弱后沉积物的快速卸载成因，而上述流体主要出现于扇根主沟槽内部。

四、交错层理砾岩相（Gcc）

交错层理砾岩岩相根据层理类型差异又可进一步划分为槽状交错层理砾岩相和板状交错层理砾岩相两个亚类（表4.6），并多呈透镜状形态。但槽状交错层理砾岩相更为常见，其内部纹层厚度约2~5cm，层系厚度约25~50cm，层系组厚度可达1~3m，横向延伸可达4~6m；而板状交错层理砾岩相规模较大，内部纹层厚度约5~15cm，层系厚度约0.5~1m，横向延伸距离可达5~8m。

表4.6　交错层理砾岩相沉积特征

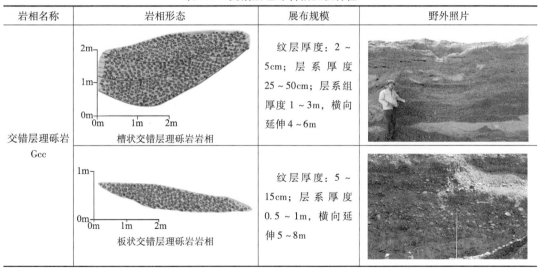

岩相名称	岩相形态	展布规模	野外照片
交错层理砾岩 Gcc	槽状交错层理砾岩岩相	纹层厚度：2~5cm；层系厚度25~50cm；层系组厚度1~3m，横向延伸4~6m	
	板状交错层理砾岩岩相	纹层厚度：5~15cm；层系厚度0.5~1m，横向延伸5~8m	

交错层理砾岩相具有颗粒支撑结构，碎屑组分主要为细砾—中砾，整体分选中等—较差，较大砾石间杂基含量不同部位差异较大，但整体含量较少，杂基成分多为中砂—粗砂；内部砾石磨圆中等，多为次棱角状—次圆状。该岩相除发育典型的交错层理外，岩相内部呈垂向正粒序变化特征，同时岩相底部可见粗粒滞留沉积（图4.7），并具有明显的侵蚀冲刷面。

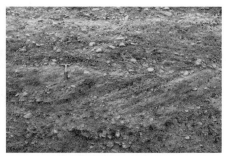

(a)槽状交错层理砾岩（测点44）　　　　　　　(b)槽状交错层理砾岩（测点58）

图4.7　交错层理砾岩岩相野外照片

交错层理砾岩相概率累积曲线呈"一滚两跳一悬浮"［图4.8（a）］，滚动组分与跳跃组分在曲线上截点为 -4φ，跳跃组分与悬浮组分在曲线上的截点为 2φ，其中两个跳跃次总体

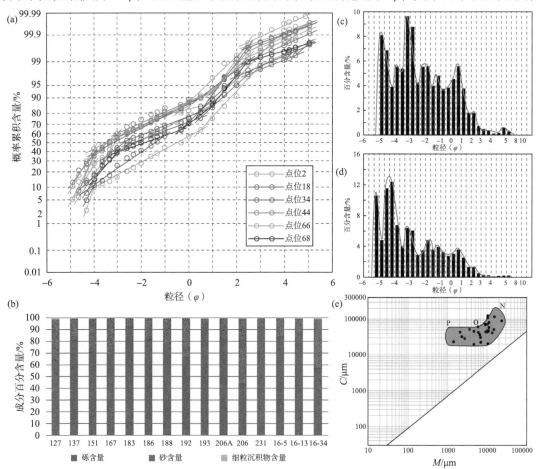

图4.8　岩石粒度分析图

（a）交错层理砾岩概率累积曲线；（b）交错层理砾岩成分含量分布直方图；（c）样品114粒度频率分布直方图；
（d）样品159粒度频率分布直方图；（e）交错层理砾岩 C–M 图

占60%～70%，滚动搬运组分20%～30%，悬浮组分较少；碎屑颗粒以砾级为主，但砂级组分相较于前述粗粒岩相明显增加［图4.8（b）］，粒度频率分布直方图分布区间较宽［图4.8（c）、（d）］，粒度分布频率曲线具有多个主峰；标准偏差在1～2.4之间，波动较大；峰度在0.56～1.25之间，呈平坦到中等，而粒度C－M图可区分为两段［图4.8（e）］，即QP和PO，但大部分样品集中于PO区域，说明交错层理砾岩内碎屑颗粒以跳跃搬运为主。

板状/槽状交错层理、正粒序及底部侵蚀界面和多段式粒度概率曲线形态特征表明该岩相形成于典型的牵引流流体环境，但沉积过程受控于下部流动机制作用下的不平坦底床形态，流体呈现缓流的特征，佛罗德数（Fr）一般小于1。为典型的在牵引流态砾质辫状河道中（水流流速一般在2～3m/s）由于河床底型迁移而形成的横向或纵向坝体沉积单元（Teisseyre，1976；Miall，1977；Koster和Steel，1984）。岩相内交错层理主要由牵引流流体内部相对较高的舌形或弯曲状底床砂砾丘不断增生形成（Tunbridge，1984；Miall，1996；Cain和Mountney，2009）。分选较差和以砾石级碎屑沉积为主的特征说明形成该岩相的沉积流体水动力仍相对较强且富含大量碎屑沉积物。

五、韵律层砾岩相（Gcs）

韵律层砾岩相为白杨河冲积扇内发育广泛且最具特色的一种岩相类型，其表现为分选较差的10～30cm厚的相对较细粒砂砾层和10～50cm厚的相对较粗粒砂砾层在垂向上频繁叠置，且各单层内部无明显的层理面。岩相厚度在几米到十几米之间，单剖面横向延伸距离可达数百米（表4.7）。

表4.7　片流砾岩相沉积特征

岩相名称	岩相形态	展布规模	野外照片
片流砾岩 Gcs		单旋回厚度0.1～0.5m；岩相厚度＞4m，横向延伸数百米	

韵律层砾岩相为颗粒支撑结构，碎屑成分主要为主要细砾—中砾，但分选较差，杂基多为中—粗粒级砂岩；砾石磨圆中等，多为次棱角状—次圆状。该岩相整体呈正粒序变化特征，不发育层理构造，多呈块状，该岩相底部可见局部低角度排列的砾石（倾角2°～5°）（图4.9），但不发育侵蚀面。

韵律层砾岩相粒度概率累积曲线呈平滑上拱形，曲线低斜率［图4.10（a）］；碎屑组成以砾级为主，同时含有一定量的砂级组分［图4.10（b）］；粒度分布频率直方图呈宽区间［图4.10（c）、（d）］，粒度分布频率曲线呈锯齿状，并具有多个峰值；粒度标准偏差在 1.65 ~ 2.42 之间, 平均为 1.88; 峰度在 0.16 ~ 0.46 在之间, 平均为 0.32, 很平坦; 偏度在 0.68 ~ 1.13 之间, 平均为 0.98, 很正偏态; C – M 图中粒度分布近于平行 C = M 基线 [图 4.10 (e)]。

图 4.9　片流砾岩相野外照片 (测点 23)

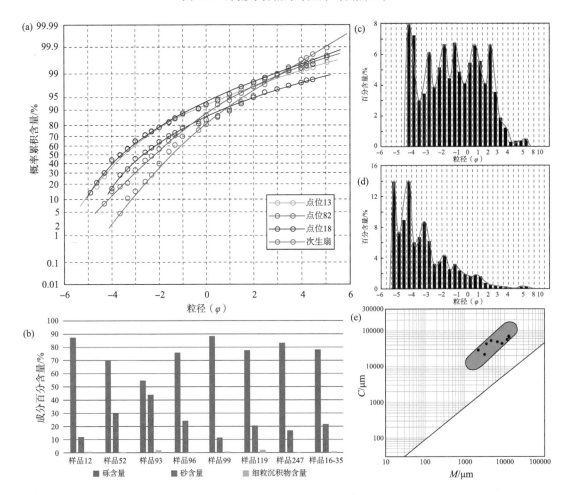

图 4.10　岩石粒度分析图

(a) 片流砾岩概率累积曲线; (b) 片流砾岩成分含量分布直方图; (c) 样品 114 粒度频率分布

直方图; (d) 样品 159 粒度频率分布直方图; (e) 片流砾岩 C – M 图

韵律层砾岩相特有的成层性和平行状相对粗、细粒层垂向频繁叠置的特征为，在典型的具有牵引流特性且受上部流动机制控制的片流流体中形成（Teisseyre，1976；Blair，2009）。片流或称片洪（sheetflood），是一种持续时间较短、规模较大并具有一定灾难性的大片非限制性流体，流体水动力条件强，且富沉积物，弗洛德数（Fr）在1.4～2.8之间，属超临界牵引流体（supercritical flow）（Blair，2000；Meyer，2001）。韵律层砾岩相与超临界片流流体内部形成的驻波（standing waves）自旋回演化有关（Hogg，1982；Blair，1999；Blair，2009），而单期次片流形成演化过程中其内部驻波可旋回性发育和终止多次（Blair，1999；Blair，2000；Blair，2009）。

六、叠瓦状砾岩相（Gci）

叠瓦状砾岩相呈席状展布，以其内部几乎所有砾石均呈高度定向排列为典型特征，常与块状砾岩岩相伴生，分布于块状砾岩岩相的底部。该类岩相垂向厚度约1～3m，横向延伸可达数百米（表4.8）。

表4.8　叠瓦状排列砾岩相沉积特征

岩相名称	岩相形态	展布规模	野外照片
叠瓦状排列砾岩 Gci	2m 1m 0m	垂向厚度 1～3m；横向延伸可达数百米	

叠瓦状砾岩相具有颗粒支撑结构，碎屑成分主要以粒级为中砾—粗砾为主；分选较差，大砾石间杂基含量较多，多为极粗砂—细砾级碎屑；砾石磨圆中等，多为次棱角状—次圆状。该岩相内部整体呈正粒序变化特征，内部砾石具有明显叠瓦状排列现象，其倾向指向上游源区，砾石倾角约20°～30°（图4.11），同时岩相底部发育典型的侵蚀冲刷面。

（a）块状砾岩岩相底部的叠瓦状砾岩相（测点2）　　　（b）定向砾石（倾角20°~30°）（测点14）

图4.11　叠瓦状砾岩相野外照片

叠瓦状砾石定向排列构造及底部侵蚀界面说明该岩相属典型的牵引流流体沉积环境，且沉积过程中水流流向基本保持一致。同时形成该岩相的牵引流流体水动力条件相对较强，且富含大量的碎屑沉积物，而多期同向水流的频繁改造或快速沉积使得该岩相内部并不发育典型的层理构造而仅出现正粒序变化特征（Allen，1981；Suresh，2007；Cain 和 Mountney，2009）。叠瓦状排列砾岩岩相主要发育于扇根补给水道微相内以及扇中辫状水道微相中。

七、支撑砾岩相（Gco）

支撑砾岩相为白杨河冲积扇内部最具特色的一种岩相类型，该岩相以典型的颗粒支撑结构为主要特征，且砾石间基本不含有细粒的砂级及粉砂级杂基或充填物，砾石间孔隙极其发育（表4.9）。根据其形成环境和分布样式的差异，将支撑砾岩岩相划分为沿沟槽底部分布支撑砾岩、沿层理面分布支撑砾岩、片流带内分布支撑砾岩。剖面上，该岩相厚度一般在几厘米到十几厘米之间，但可呈现出两种形态特征：其一为具有侵蚀底界的透镜状形态，其二为具有不规则底界的水平层状形态。侧向上，该岩相延伸距离可从几十厘米到数米之间，变化较为多样。

表4.9 支撑砾岩相沉积特征

岩相名称	岩相形态	展布规模	野外照片
支撑砾岩 Gco	沿槽底部分布支撑砾岩	厚度：10～20cm；长度：2～3m；孤立分布，密度小	
	沿片流层面分布的支撑砾岩	厚度：2～5cm；长度：4～8m；成套分布，密度较大	

支撑砾岩相具有典型的颗粒支撑结构（甚至框架支撑），碎屑组分主要为细砾—中砾，少见粗砾级；分选较好，粒间杂基含量极少甚至不含杂基（图4.12）；砾石磨圆中等，多为次棱角状—次圆状。该岩相内部呈正粒序变化并且局部可见砾石叠瓦状排列现象。

（a）沟槽底部支撑砾岩（测点23）　　　（b）沿层理面分布支撑砾岩（测点57）

图4.12 支撑砾岩相野外照片

支撑砾岩相粒度概率曲线呈"高截点两段式"，曲线由快速上升段和缓慢上升段构成，快速上升段粒径 $-6\varphi \sim 1\varphi$［图 4.13（a）］，并以砾级碎屑成分为主［图 4.13（b）］；粒度频率分布直方图区间较窄，频率曲线相对少峰［图 4.13（c）、（d）］，反映了支撑砾岩分选较好。粒度标准偏差在 0.6~1.95 之间，属分选较差—分选较好；偏度在 0.3~0.9 之间，属很正偏态；峰度在 1.0~1.95 之间，属正态—尖锐分布特征。C-M 图中粒度分布近于平行 C=M 基线［图 4.13（e）］。

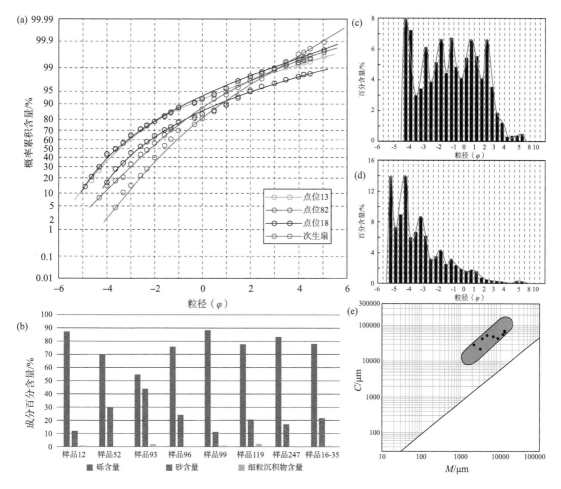

图 4.13　岩石粒度分析曲线

（a）支撑砾岩概率累积曲线；（b）支撑砾岩成分含量分布直方图；（c）样品 69 粒度频率分布直方图
（d）样品 100 粒度频率分布直方图；（e）支撑砾岩 C-M 图

支撑砾岩相特有的砾石间缺少细粒充填物的沉积特征为典型的清水（clear water）簸选成因（Blair，2009；De Haas，2015；Antronico，2015），即不含或仅含有少量碎屑沉积物的流体流经早期沉积物后对其内部相对细粒组分进行簸选带走，而残留较粗粒组分在原地堆积。此类岩相发育于限制性的辫状水道环境中，为河道内常流水区湍流持续淘洗（例如持续的山区水流），或者在水流流态较高且变化快的环境下，水流对之前沉积物的淘洗再沉积作用。

八、"S"形前积层理砾岩相（Gcf）

"S"型前积层理岩相形态呈底平顶凸的透镜状，发育特殊的"S"形交错层理构造（sigmoidal cross bedding），即内部层系或层组界面与岩相底界呈相切状接触，而其相切角度一般在7°~15°之间。单个前积层厚度约20~30cm，整体厚度约0.5~1m，横向长度约4~8m（表4.10）。

表4.10   "S"型前积层理砾岩相沉积特征

岩相名称	岩相形态	展布规模	野外照片
"S"型前积层理砾岩		前积层厚度20~30cm；垂向厚度：0.5~1m；横向长度：4~8cm	

"S"型前积层理砾岩相具有颗粒支撑结构，碎屑组分主要为细砾—中砾；分选中等到较差，砾石呈次圆状或圆状（图4.14）。除发育"S"形交错层理外，该岩相具有侵蚀底界和垂向正粒序特征，再沉积作用面清晰。

（a）测点8   （b）测点21

图4.14   "S"型前积层理砾岩相野外照片

该岩相粒度概率曲线可表现出两段式、三段式或多段式分布特征，并可区分出滚动、跳跃及悬浮组分（图4.15），其中跳跃组分占总组分的60%以上，滚动组分含量较少，悬浮组分30%~40%。与平行层理砾岩相及交错层理砾岩相粒度分布特征相似，碎屑粒径分布直方图形态多样（图4.15），频率曲线有多个峰值，粒度分布区间较宽。该岩相标准偏差在0.9~2.05之间，属分选较差—分选差；偏度在0.1~0.7之间，属正偏态—很正偏态；峰度在0.55~1.65之间，属平坦—尖锐分布特征。

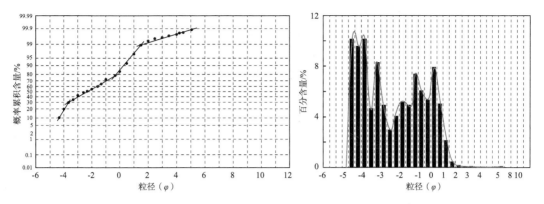

图 4.15　"S"型前积层理砾岩相样品 11 概率累积曲线及粒度分布直方图

该岩相特殊的"S"形交错层理构造为典型的牵引流流体沉积成因，是在下部流动机制控制下的丘状底床形态向上部流动机制控制下的平坦底床形态转变过程中形成的（Bridge，1988），因此沉积流体水动力条件呈现由缓流向急流的过渡状态，佛罗德数（Fr）一般在 1 左右波动。而"S"形层理的形成，也往往伴随着流体内部底床砂砾丘的侧向增生（Ori，1982；Plink-Bjorklund，2015）。

第二节　砂岩各岩相特征及成因

一、块状砂岩相（Sm）

块状砂岩相形态多呈顶平底凸的透镜状（表 4.11），规模相对较小，垂向厚度约 20～30cm，横向延伸可达 2～3m，岩相内部偶见生物钻孔现象。

表 4.11　块状砂岩相沉积特征

岩相名称	岩相形态	展布规模	野外照片
块状砂岩 Sm		厚度：20～30cm；长度：2～3m；顶平底凸透镜状	

块状砂岩相碎屑成分以中—粗砂为主，并含少量细砾组分，分选中等—较好。内部无典型层理构造，多呈块状（图 4.16），但常具有正粒序特征，岩相底部发育典型的冲刷面，局部发育粗粒滞留沉积。

（a）测点5　　　　　　　　　　　　　　（b）测点66

图4.16　块状砂岩相野外照片

　　块状砂岩相粒度概率累积曲线呈多段式，可区分出滚动、跳跃及悬浮组分［图4.17（a）］，以砂级组分为主［图4.17（b）］；粒度分布频率曲线有2~3个主峰，主峰之间有多个次峰值［图4.17（c）、（d）］。该岩相粒度标准偏差在1.5~3.5之间；峰度在0.9~

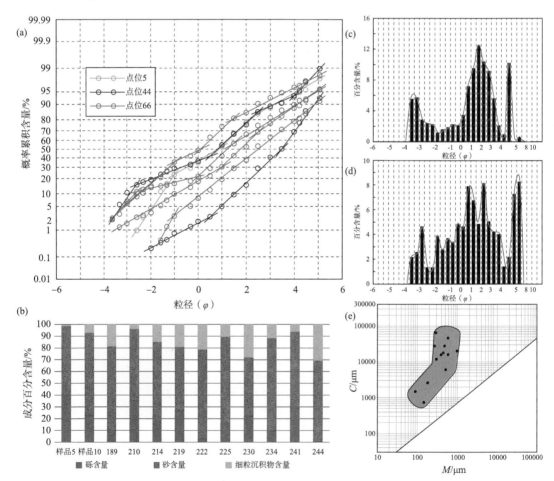

图4.17　岩石粒度分析图

（a）块状砂岩粒度概率累积曲线；（b）块状砂岩成分分布直方图；（c）样品59粒度频率分布直方图

（d）样品219粒度频率分布直方图；（e）块状砂岩粒度C-M图

1.3 之间；偏度在 -0.5~0.5 之间，近于对称到正偏态；粒度分布 C - M 图中包含有 RQ 和 QP 两段 [图 4.17 (e)]，含一定量的悬浮搬运组分。

透镜状且具有侵蚀底界的块状砂岩相为典型的河道化牵引流沉积，多为河道内短期的且高密度的水流事件沉积，形成时的水流流态多变，多为坝顶沉积的标志 (Tunbridge，1984；Alcicek 和 Jimenez - Moreno，2013；Frostick pers. Comm.)，且沉积期往往可暴露于地表而遭受生物扰动作用。块状砂岩相常与块状砾岩岩相、交错层理砾岩相相伴生，代表一期沉积事件的顶部沉积。

二、平行层理砂岩相（Sh）

平行层理砂岩相最典型的特征为发育平行层理构造（图 4.18），其剖面形态呈透镜状或不规则状（表 4.12），岩相内部纹层厚度约 1~2cm，整体规模较小，垂向厚度约 0.3~0.5m，横向上变化较快，延伸距离相对较短。

表 4.12 平行层理砂岩相沉积特征

岩相名称	岩相形态	展布规模	野外照片
平行层理砂岩 Sh		纹层厚度：1~2cm；层理厚度：0.3~0.5cm；横向长度：2~3m；透镜状	

该岩相具有颗粒支撑结构，分选中等到较差，且内部可见一定含量的粒级相对较小的砾石。该岩相内部除发育平行层理外，还可见生物钻孔构造及垂向正粒序变化，岩相底部常发育侵蚀界面及较为粗粒的滞留砾石沉积（图 4.18）。

（a）测点66　　　　　　　　　　　（b）测点46

图 4.18 平行层理砂岩相野外照片

平行层理砂岩相粒度概率曲线呈两段式或三段式形态特征 [图 4.19 (a)]，并可进一步区分出滚动、跳跃和悬浮三种组分，其中滚动搬运组分所占比例最大，约占 60%~70%，其次是跳跃搬运组分。该岩相碎屑粒径分布呈典型的单峰状 [图 4.19 (c)、(d)]，以砂级组分为主［图4.19（b）］，但仍含有一定量的砾级成分及少量的粉砂级成分。该岩相粒度标准偏差在 0.77～2.86 之间，属分选差—分选中等；偏度在 -0.06～0.09 之间，属负偏态—近于对称；峰度在 1.18～1.67 之间，整体较为尖锐。

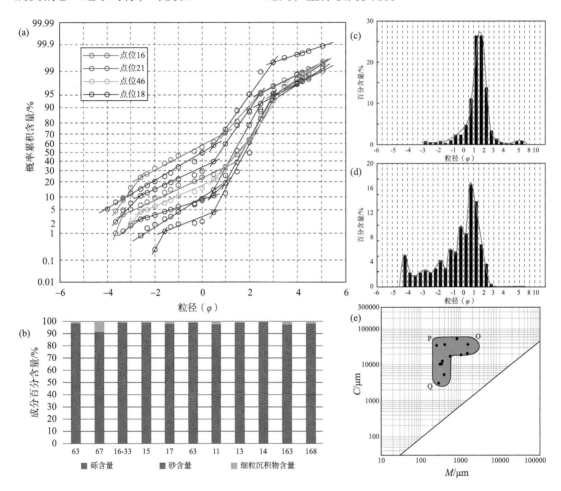

图 4.19　岩石粒度分析图

（a）平行层理砂岩粒度概率累积曲线；（b）平行层理砂岩成分含量分布直方图；（c）样品 163 粒度频率分布直方图（d）样品 145 粒度频率分布直方图；（e）平行层理砂岩粒度 C－M 图

平行层理砂岩相沉积过程受控于牵引流上部流动机制作用下的平坦底床形态，整个流体呈现急流的特征，佛罗德数（Fr）在 1～1.3 之间，且沉积速率较为稳定，层理形态发育典型。同时，该岩相内部常见的生物钻孔构造也表明其沉积过程及水流条件的季节性变化特征（Saez, 2007；Plink－Bjorklund, 2015），沉积物常可暴露于地表。

三、大型交错层理砂岩相（Scl）

大型交错层理砂岩相根据其内部层理类型差异可进一步划分为大型板状交错层理砂岩

及大型槽状交错层理砂岩两个亚类。其中大型板状交错层理岩相内部纹层厚度约 10 ~ 15cm，层系厚度约 0.2 ~ 0.3m，层系组厚度约 0.4 ~ 0.6m，横向延伸距离约 5 ~ 8m。而大型槽状交错层理砂岩相内部纹层厚度约 1 ~ 3cm，层系厚度约 0.2 ~ 0.3m，层系组厚度 0.4 ~ 0.6m，横向延伸距离约 4 ~ 6m（表 4.13）。

表 4.13　大型交错层理砂岩相沉积特征

岩相名称	岩相形态	展布规模	野外照片
大型交错层理砂岩 Scl	大型板状交错层理砂岩	板状；纹层厚度：10 ~ 15cm；层系厚度：0.2 ~ 0.3m，长度：4 ~ 6m；层系组厚度：0.4 ~ 0.6m，长度：5 ~ 8m	
	大型槽状交错层理	槽状；纹层厚度：1 ~ 3cm；层系厚度：0.2 ~ 0.3m，长度约 0.5 ~ 1m；层系组厚度0.4 ~ 0.6m，横向长度：4 ~ 6m	

大型交错层理砂岩相碎屑成分以中砂岩—极粗砂岩为主，含少量细砾和中砾，分选中等—较好。多以槽状交错层理和板状交错层理为主，局部可见楔状交错层理，再沉积作用面明显，并常见高角度（10°~20°）层理倾角以及局部发育的逆向倾角。除层理构造外，大型交错层理砂岩相底部常见侵蚀冲刷面并发育粗砾滞留沉积，岩相形态多呈顶平底凸的透镜状或不规则状，并具有垂向正粒序特征。此外，岩相内部常可见生物钻孔构造（图 4.20）。

（a）含砾槽状加错层理砂岩（测点66）　　　　（b）槽状交错层理（测点46）

图 4.20　大型交错层理砂岩相野外照片

大型交错层理概率累计曲线呈三段式或多段式特征［图 4.21（a）］，以砂级碎屑为主［图 4.21（b）］。该岩相粒度频率分布直方图既可呈现出宽区间又可呈现出窄区间的分布特征［图 4.21（c）、（d）］，粒度频率曲线呈单峰或双峰状；粒度标准偏差在 1.2 ~ 3.5 之间，且波动较大，偏度在 0 附近左右波动；而粒度 C - M 图包含 RQ、QP 及 PO 段［图 4.21（e）］，但主要以滚动和跳跃搬运沉积为主。

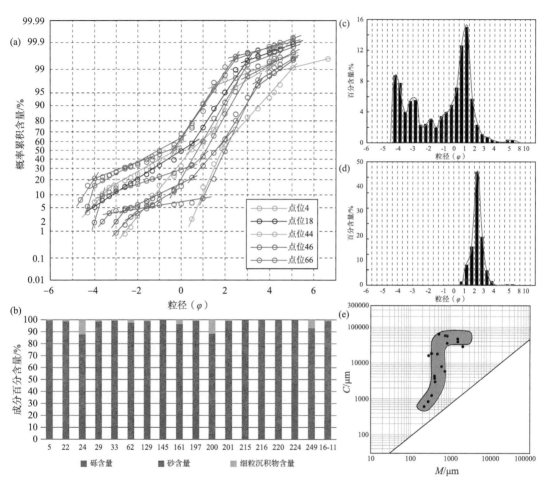

图 4.21 岩石粒度分析图

（a）大型交错层理砂岩粒度概率累积曲线；（b）大型交错层理砂岩成分含量分布直方图；（c）样品 163 粒度频率分布直方图；（d）样品 145 粒度频率分布直方图；（e）大型交错层理砂岩粒度 C - M 图

大型交错层理砂岩相沉积过程受控于下部流动机制作用下的不平坦底床形态，为牵引流流体内部底床沙丘迁移增长形成（Tunbridge，1984；Kelly，1993；Miall，1996），且整个流体表现为缓流或缓流向急流过渡的特征，佛罗德数（Fr）一般小于 1（Bridge，1988；Went，2005）。一般形成于主河道内平坦河床底部大型波纹和沙坝迁移，形成时的水流流态较高，水流流速约 0.7m/s（Maill，1996，2010；Shukla 等，2001；Shukla 和 Singh，2004）。同时，内部常见的生物钻孔构造也表明该岩相沉积过程中常暴露于地表（Saez，

2007；Plink – Bjorklund，2015）。

四、小型交错层理砂岩相（Scs）

小型交错层理砂岩相形态多呈透镜状或不规则状，规模较小，多以小型槽状交错层理砂岩为主，岩相内部纹层厚度 0.5~1cm，层系厚度约 5~10cm，层系组厚度约 20~30cm，横向延伸距离约 0.8~1m（表 4.14）。

表 4.14　小型交错层理砂岩相沉积特征

岩相名称	岩相形态	展布规模	野外照片
小型交错层理砂岩 Scs		纹层厚度：0.5~1cm；层系厚度：5~10cm，长度：30~40cm，层系组厚：20~30cm，横向延伸0.8~1m	

小型交错层理砂岩相碎屑成分以细砂—粗砂为主，含少量细砾，分选中等到较好，呈黄色或土黄色。岩相内部常见槽状交错层理，少见板状或楔状交错层理，在层组中层理的倾向往往是单向的（图 4.22）。除层理构造外，该岩相的底部常发育侵蚀冲刷面，同时岩相内部具有正粒序特征，局部可见生物钻孔构造。

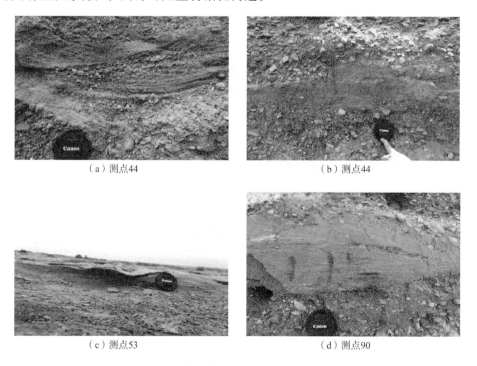

（a）测点44　　　　　　　　　　　　　（b）测点44

（c）测点53　　　　　　　　　　　　　（d）测点90

图 4.22　小型交错层理砂岩相野外照片

　　小型交错层理砂岩相粒度概率累积曲线呈三段式或多段式形态特征 [图4.23（a）]，可具有两个跳跃总体，但相对于对于大型交错层理砂岩相，其滚动组分含量较低，为20% ~30%；跳跃组分含量为60% ~70%；但悬浮组分含量增多达5% ~10%。该岩相粒度频率曲线呈单峰状或具有一主峰和一粗粒尾部低峰 [图4.23（c）、（d）]。岩相粒度标准偏差在1 ~2之间；峰度在0.5 ~2之间，属中等到尖锐；偏度在 −0.5 ~0 之间，呈负偏态；粒度分布 C − M 图主要包含 QP、PO 段 [图4.23（e）]，但以跳跃搬运沉积为主。

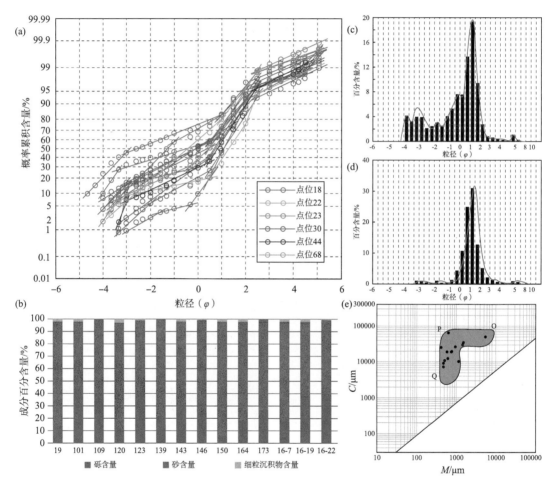

图4.23　岩石粒度分析图

（a）小型交错层理砂岩概率累积曲线；（b）小型交错层理砂岩成分含量分布直方图；（c）样品143频率分布直方图；
（d）样品150频率分布直方图；（e）小型交错层理砂岩 C − M 图

　　小型交错层理砂岩相沉积过程与大型交错层理砂岩相均受控于下部流动机制作用下的不平坦底床形态，为牵引流流体内部底床沙丘迁移增长形成（Tunbridge，1984；Kelly，1993；Miall，1996）且整个流体表现为缓流或缓流向急流过渡的特征。但相较于大型交错层理砂岩相其沉积水动力发生大幅度衰减，因此主要发育于小规模河道化牵引流水体沉积环境中。

五、风成砂岩相（Se）

风成交错层理岩相呈底平顶凸的透镜状或扁平状，该类岩相在剖面上出露较少，并且规模较小，以发育楔状细条纹或小型前积纹层为典型特征。岩相内部纹层厚度约 0.5 ~ 1cm，整体厚度约 10 ~ 15cm，横向延伸距离约 30 ~ 50cm（表 4.15）。

表 4.15　风成交错层理砂岩相沉积特征

岩相名称	岩相形态	展布规模	野外照片
风成交错层理砂岩 Se	15cm 0cm 0cm　15cm	透镜状；纹层厚度：0.5 ~ 1cm；整体厚度：10 ~ 15cm，横向延伸距离 30 ~ 50cm	

风成交错层理砂岩相碎屑组分以极细砂—中砂为主，但仍含有一定量的细粒级碎屑，分选较好（图 4.24）。该岩相内部发育典型的楔状细条纹或小型前积纹层，前积纹层与底面相切且交角较小，一般在 3° ~ 7° 之间，且岩相底部不具有侵蚀底界，与其他岩相间呈突变接触。

（a）测点23　　　　　　　　　　　　　（b）测点21

图 4.24　风成交错层理砂岩相野外照片

风成砂岩相粒度概率曲线具有高斜率，呈现三段式或多段式形态特征（图 4.25），每一段跳跃总体代表着某一时期，在一种风力作用下发生沉积的沉积物；该岩相粒度频率分布直方图粒度分布呈窄区间；粒度频率分布曲线呈单峰状（图 4.25）；粒度标准偏差在 0.77 ~ 1.22 之间；峰度在 1.15 ~ 1.34 之间，属尖锐型，偏度在之间 0.10 ~ 0.42，属正偏态。

该岩相砂岩碎屑分选程度较好、粒度分布呈明显的单峰状、内部发育楔状或前积状细纹层及不具有侵蚀底界等特征充分说明其形成于典型的风成搬运沉积环境（Krapf，2005；Kallmeier，2010；Ielpi，2016）。同时粒度概率曲线特征说明碎屑颗粒在风中主要以滚动、跳跃及悬浮方式搬运沉积。风搬运介质所限定的搬运能力使得其所携带的碎屑沉积物粒径范围较为单一（Blair，2009；Harvey，2011），因而沉积砂体分选相对较好。特别地，风成砂体可以形成风成沙丘或风成席状砂，因此该岩相形态剖面上可呈扁平状或上凸状。

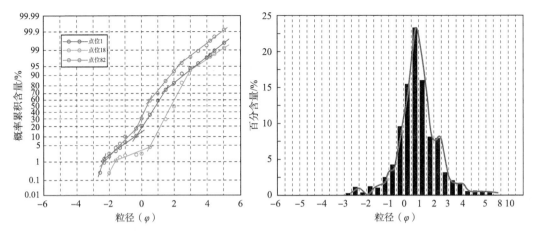

图4.25　风成砂岩概率累积曲线及粒度概率分布直方图

第三节　粉砂岩各岩相特征及成因

一、波纹层理粉砂岩相（Fr）

波纹层理粉砂岩相形态多呈透镜状或不规则状，其内部发育典型的波纹层理，纹层厚度约2~5mm，纹层组垂向厚度10~20cm。但岩相规模整体较小，垂向厚度约15~20cm，横向延伸距离约30~50cm（表4.16）。

表4.16　波纹层理粉砂岩相沉积特征

岩相名称	岩相形态	展布规模	野外照片
波纹层理粉砂岩 Fr	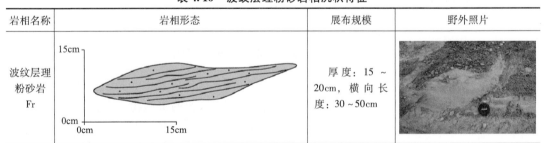	厚度：15~20cm，横向长度：30~50cm	

波纹层理粉砂岩相碎屑组分主要为粉砂，并含有少量中细砂，分选中等—较好。岩相内部发育小型波纹层理，但岩相底部不发育侵蚀冲刷面（图4.26），此外该岩相局部可见植物根茎，同时具有一定程度的成土作用。

图 4.26　波纹层理粉砂岩相野外照片（测点 66）

波纹层理粉砂岩相粒度概率累积曲线呈两段式（图 4.27），由跳跃组分和悬浮组分构成，两种组分比例相当；而粒度频率分布直方图呈现窄区间特征，粒度频率曲线呈单峰状或双峰状（图 4.27）；粒度标准偏差在 1.22 ~ 2.36 之间，峰度在 1.05 ~ 1.47 之间，属中等到尖锐；偏度在 0.10 ~ 0.42 之间，属正偏态；粒度分布 C – M 图主要位于 RQ 段（图 4.27），以悬浮搬运为主。

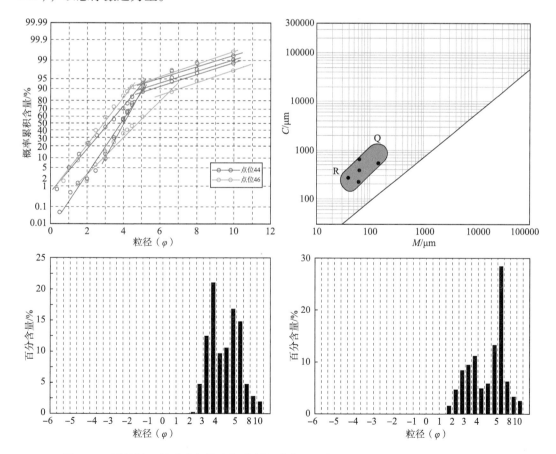

图 4.27　波纹层理粉砂岩相粒度概率累积曲线、粒度 C – M 图及粒度频率分布直方图

该岩相整体的细粒沉积特征反映其沉积于弱水动力条件，且多以悬浮沉积为主，而其波纹层理的发育反映该岩相形成过程中可受控于牵引流流体内下部流动机制控制下的波纹状底床形态，因此多发育于水动力条件较弱的河道内部或废弃河道内（Miall，1996；Went，2005；Suresh，2007）。

二、块状粉砂岩相（Fm）

块状粉砂岩相多呈透镜状或不规则状，岩相规模较小，垂向厚度约15~20cm，横向延伸长度约1~3m（表4.17）。

表4.17 块状粉砂岩岩相规模统计表

岩相名称	岩相形态	展布规模	野外照片
块状粉砂岩 Fm		垂向厚度 15 ~ 20cm； 横向长度 1~3m	

块状粉砂岩相碎屑成分主要为粉砂，并含有一定含量的细砂，分选中等—较好，颜色呈黄色或土黄色。该岩相内部无明显的层理构造，呈块状，底部局部发育冲刷面，内部常可见植物根茎和生物钻孔，并可具有一定程度的成土作用。块状粉砂岩相常与块状砾岩相及交错层理砾岩相相伴生，常位于较粗粒沉积旋回的顶部。

块状粉砂岩相常形成于水流流速急剧减弱的水动力条件下，为具有高粉砂质或细砂质含量的河道化流水中悬浮沉积物整体沉积而成，往往代表着洪水后期或泥石流沉积事件后期。

第四节 泥岩岩相（M）特征及成因

泥岩岩相根据其形态规模差异，可进一步划分为透镜状泥岩和厚层块状泥岩两个亚类。其中透镜状泥岩呈顶平底凸形态，规模较小，垂向厚度约0.2~0.3m，横向延伸距离可达2~3m。块状泥岩岩相规模较大，呈厚层席状展布，垂向厚度可达十几米，横向延伸距离可达数百米（表4.18）。

表 4.18　块状泥岩岩相展布规模及形态统计表

岩相名称	岩相形态	展布规模	野外照片
泥岩 M	透镜状泥岩	顶平底凸的透镜状；厚度：0.2~0.3m，横向长度：2~3m	
	厚层层状泥岩	厚层席状；垂向厚度>10m，横向延伸>2km	

泥岩岩相成分主要为泥级碎屑，但内部常见少量的条带状砂岩，泥岩颜色多为棕黄色或者棕色。该岩相整体呈块状，内部无层理构造（图4.28），但可见大量植物根茎以及生物钻孔构造，表面可出现泥裂，并具有一定程度的成土作用。

泥岩相沉积于近于静水的条件下，并以悬浮沉积为主，水动力条件极弱。而其内部发育的植物根茎及泥裂现象反映其可周期性干涸而暴露地表。其中透镜状泥岩主要分布于河道内，是河道演化后期及废弃河道的沉积产物，块状泥岩岩相主要代表漫滩沉积或形成于扇缘湿地内部（图4.28）（Stimson，2001；Moretti，2002；Hillier，2011；Reitz，2012）。

（a）透镜状泥岩（测点66）　　　　　（b）扇缘湿地泥岩（测点69）

图4.28　泥岩岩相野外照片

第五章　白杨河冲积扇亚相划分及特征

冲积扇内部亚相的范围和边界划分是分析冲积扇沉积过程和沉积特征的重要基础，如何精确厘定冲积扇内各亚相边界仍存在争议，各学者针对冲积扇沉积亚相的划分依据及亚相界线的考量并未进行系统论述。本次研究基于地形地貌特征和沉积特征差异将白杨河冲积扇划分为扇根、扇中、扇缘三个亚相，其中扇根亚相可进一步区分出扇根内带和扇根外带。并根据白杨河冲积扇的坡度变化、冲沟间宽度变化和各剖面上砾石直径的变化规律厘定了扇体的亚相边界。

第一节　扇根内带与扇根外带分界线及划分依据

一、扇体不同部位剖面砾石砾径变化

冲积扇是暂时性洪流或间歇性洪流流出山口时，由于地形的急剧变缓，水流向四方散开，流速骤减，碎屑物质大量堆积而形成的近扇状的沉积体。在洪流携带沉积物出山口时，由于不再受到两侧古地貌的限制，水流铺散开来形成片流，流速骤减，水动力减弱，故沉积物粒度在此处发生骤减。

表 5.1　白杨河冲积扇砾石直径与搬运距离

测点	距扇根距离/km	最大砾石砾径/cm			平均砾石砾径/cm		
		a 轴	b 轴	平均	a 轴	b 轴	平均
2	3.3	29.15	15.16	22.15	10.95	6.44	8.69
6	4.42	29.28	17.50	23.39	15.99	9.87	12.93
11	5.16	27.54	14.83	21.19	12.47	7.61	10.04
13	6.23	10.34	5.52	7.93	4.60	2.63	3.62
15	7.15	14.40	8.88	11.64	6.22	4.18	5.20
16	9.42	14.00	8.75	11.38	6.36	4.22	5.29
17	11.4	11.39	6.07	8.73	4.33	2.53	3.43

测点	距扇根距离/km	最大砾石砾径/cm			平均砾石砾径/cm		
		a轴	b轴	平均	a轴	b轴	平均
18	12.84	14.07	7.09	10.58	5.74	3.21	4.47
19	14.71	11.43	6.50	8.96	4.05	2.60	3.32
21	16.78	7.45	4.71	6.08	2.62	1.74	2.18
22	17	10.06	5.60	7.83	3.56	2.09	2.83
23	21.19	10.64	5.89	8.27	3.82	2.30	3.06
31	31.15	7.16	4.18	5.67	2.81	1.75	2.28

　　根据这个规律，本次研究统计了沿白杨河 13 个主要剖面上砾石直径的大小（表5.1）。从最大砾石直径与离出山口距离的交会图（图5.1）可看出，在测点 11 处附近，砾石直径发生明显的变化。从测点 2 至测点 11，砾石直径无较明显变化，砾石直径均在25cm 以上；而从测点 11 之后，砾石直径突然骤减，全部剖面上砾石直径均小于15cm。因此可将此作为划分扇根内带和扇根外带的依据之一。

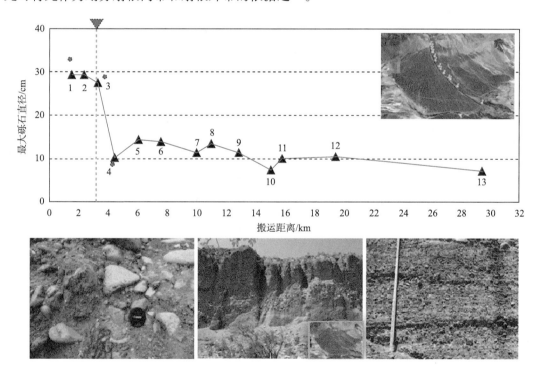

图 5.1　白杨河冲积扇各纵向剖面砾石最大砾径变化特征及野外照片（测点 2、3、4）

二、片流沉积的首次出现位置

　　在测点 11 处，最先出现的是主槽的块状层理粗砾岩，剖面的下端出现了粒度较细的片流砾岩（图5.2），其为扇根片流带的主要岩石相，反映水流开始散开，并呈片状散开。故可将此作为划分扇根内带和扇根外带的依据之一。

依据上述两点，确定了扇根内带和扇根外带的分界线。分界线大致位于测点11处，距离出山口距离3km左右，如图5.3所示。

图5.2 白杨河冲积扇内部首次出现片流韵律层砾岩相测点剖面（测点11）

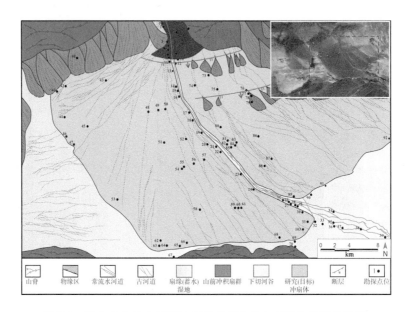

图5.3 综合确定的白杨河冲积扇扇根内带与扇根外带的分界线

第二节　扇根与扇中分界线及划分依据

一、扇面坡度变化

依据扇体纵向剖面坡度的变化特征，可以将扇体划分为扇根、扇中和扇缘三部分（Bull，1964）。如图5.4（a）所示，利用Google Earth软件在白杨河冲积扇上选取11条测线，并绘出每条测线上从扇根至扇缘海拔高度随离出山口距离增加而变化的曲线［图5.4（b）］。

测线①长度为18.6km，最高点海拔为784m，最低海拔为625m，坡角范围为5‰～16‰。由于断层的出现导致剖面前段出现最大的坡角变化，除此之外最大坡角变化从11‰变为7‰，转折点离出山口10km左右；同样在测线②上也出现了相似的情况，其最大坡角变化从15‰变为9‰，确定其关键变化测点。据此延伸至11条测上，找出类似的测点，并以此作为划分扇和根扇中的分界线。最终确定扇根扇中的分界线，其位置如图5.4（a）所示。

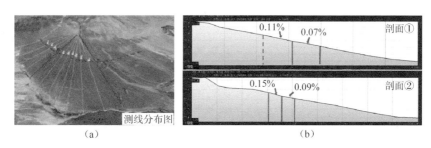

图5.4　扇面上测线布局（a）及两条测线坡角变化曲线（b）

二、扇面流沟间宽度变化

受控于扇面不同部位的坡度变化，扇面流沟的密集程度将存在较大差异（De Haas，2015）。在Google Earth上切8条测线（图5.5），在每条测线上每隔1km定一个点，测量每个测点所在位置处冲沟间的宽度，并绘制冲沟间宽度随离出山口距离的增加而变化的曲线图（图5.6）。

在图5.6中，前十个测点处冲沟间宽度随距离的增加变化幅度较小，平均在0.08km；随后冲沟间宽度随距离增加而快速增大。据此大致确定此处扇根和扇中分界点在离扇根10km处。依次类推确定其他七条切线上的分界点，连点成线确定扇根扇中的分界线，其位置如图5.5所示。

叠合前述两种方法确定的扇根扇中分界线，最终确定白杨河冲积扇扇根与扇中分界线，其位置如图5.7所示。

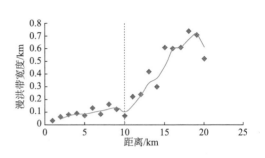

图 5.5　扇面上测线布局图　　　　　图 5.6　测线上冲沟间宽度变化曲线

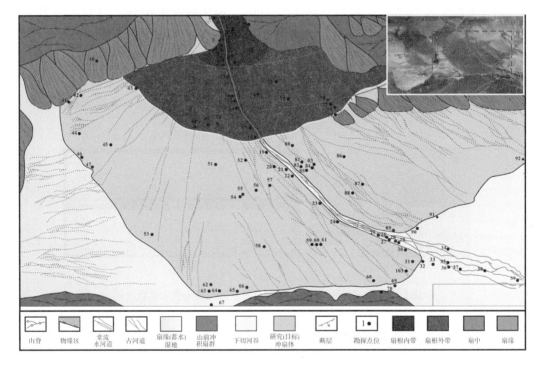

图 5.7　综合确定的白杨河冲积扇扇根与扇中的分界线

第三节　扇中与扇缘分界线及划分依据

一、扇缘砂岩及泥岩等细粒沉积物的显著出现

扇缘是整个冲积扇沉积物最细、流体能量最低的部分，呈环带状围绕在冲积扇周围，其沉积物一般为砂岩、粉砂岩、泥质粉砂岩和泥岩等细粒沉积物。故可将岩性由砾岩向砂泥岩转变的界限作为划分扇中和扇缘的分界线。

在白杨河冲积扇中，扇缘较细粒砂质及泥质沉积由于受到周围山体的限制，白杨河冲积扇两侧发育较少，大多在白杨河下游发育。在测点46和69附近可见大量砂泥岩的出现（图5.8），故将此处作为扇中与扇缘的分界线。

（a）透镜状泥岩（测点46）　　　　　　　　　（b）扇缘湿地泥岩（测点69）

图5.8　泥岩岩相野外照片

二、扇面坡度变化

扇缘为冲积扇中地势最为平坦的区域，因此其坡度相对最小。如图5.9（a）所示，利用Google Earth软件在白杨河冲积扇上选取20条测线，并绘出每条测线上从扇根至扇缘海拔高度随离出山口距离增加而变化的曲线［图5.9（b）］。在①、②两条测线均可以看出扇缘处坡度有明显变化。据此划分扇中与扇缘，其分界线位置如图5.9（a）所示。

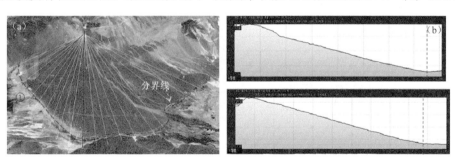

图5.9　扇面上测线布局（a）及两条测线坡角变化曲线（b）

综上所述，根据砾石直径、扇面坡度变化、扇面冲沟间宽度变化以及沉积物岩性、岩石相的变化大致确定了扇根内带、扇根外带、扇中和扇缘的分界线，其亚相的大致范围如图5.10所示。

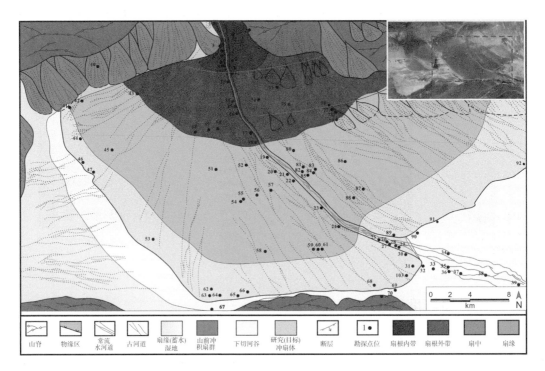

图 5.10 综合确定的白杨河冲积扇内部各亚相分布区域

第四节 白杨河冲积扇各亚相沉积特征

一、扇根亚相整体沉积特征

1. 扇根内带

以白杨河冲积扇扇根内带部位出露较好的测点 4 剖面为例分析其整体沉积特征。测点 4 剖面位于 46°22′26.60″北 84°53′54.98″东，包含两条横剖面和一条纵剖面。两横剖面相似，距离较近，横剖面长 215m，高 7m。剖面下部为侏罗系老地层，并且目的层段从左至右渐渐变厚，反映沉积前地貌特征为东高西底。整个冲积扇地层左边厚度大概在 4m 左右，向右增厚至 6m。

测点 4 剖面整体沉积物为砾、砂、泥质粉砂混杂堆积，分选极差，磨圆度较好，反映搬运距离较长，物源区较远。砾石成分主要以变质岩系和岩浆岩系为主，部分来自于中生界沉积岩系。主要岩性为中粗砾岩、砂砾岩（图 5.11）和少量的砂岩（图 5.12），局部可见巨砾，砾石直径可达 1m 以上。中粗砾占绝大部分，占据横剖面的 93.7%，而砂岩只占据 6.3%。砾石直径变化较大，左侧最大砾石直径为 28.96cm，平均砾石直径为 14.01cm。向右粒度渐渐变细，最大砾石直径为 15.93cm，平均砾石直径为 7.96cm。砂岩多以透镜体状孤立存在。该剖面沉积构造不太明显，局部可见楔状和板状交错层理（图5.13），但递变层理较为发育，特别是在纵剖面上，多期递变层理的切叠使得沉积期次较为明显（图5.14），单期底部主要为粗砾、中砾，向上渐变为中砾，顶部主要为细砾。仔细观察，可见许多巨大砾石的最大扁平面以大约5°～30°的角度倾向上游，呈现砾石定向排列结构。但在横剖面的左侧出现砾石长轴垂直于沉积面。按该剖面包含的岩石相类型有：杂基支撑砾岩相、递变层理砾岩相、叠瓦状砾岩相、块状砾岩相、交错层理砾岩相、块状层理砂岩相和块状层理粉砂岩相等。

图5.11 砂砾岩（测点2）

图5.12 砂岩透镜体（测点2）

图5.13 楔状和板状交错层理（测点2）

图5.14 递变层理（测点2）

2. 扇根内带

以白杨河冲积扇扇根内带部位出露较好的测点13剖面为例分析其整体沉积特征。测点13位于46°17′35.00″北84°56′44.00″东，剖面走向为230°，整个剖面长约90m，高6m。

剖面上主要岩性为中砾岩、粗砾岩，占据剖面的99%，砾石之间砂、粉砂等细粒沉积含量较高，还出现一种颗粒支撑砾岩，砾石间无细粒物质充填，其孔渗性极好，常以低角度、薄层带状出现。而砂岩含量较少，仅占据了剖面的1%，均是以薄层砂条出现，厚度平均为7～9cm。剖面上砾石直径相对前两个剖面较小，砾石最大直径为13.42cm，平均砾石直径只有5.15cm。沉积物分选较差，大小砾石混杂堆积（图5.15）在底部和中上部，磨圆度较好。在该剖面比较发育洪积层理，局部发育楔状和板状交错层理（图5.16），在中上部可见小型冲刷面。该剖面上主要发育的岩相有：水平层状中、细砾岩，颗粒支撑中砾岩，板状交错层理中、细砾岩，粒序层理砾岩，块状层理砂岩，平行层理砂岩等。

图 5.15　大小砾石混杂堆积（测点 13）　　　　图 5.16　板状交错层理（测点 13）

二、扇中亚相整体沉积特征

以白杨河冲积扇扇中部位出露较好的测点 19 处剖面为例分析其整体沉积特征。该研究测点于 46°15′54.10″北 84°59′12.99″东，包含两纵一横剖面，纵剖面走向分别为 165° 和 225°，剖面长度分别为 30m 和 50m，剖面高度均为 5m；横剖面走向为 260°，剖面长 15m，高 5m。

在该测点，剖面岩性主要为中砾岩、细砾岩及少部分的砂岩。其中砾岩占据整个剖面的 98%，砂岩只占据其中的 2%。砾岩主要为中砾、细砾、砂混杂堆积，砾石之间砂等细粒沉积物含量较多（图 5.17、图 5.18）。同时剖面内可见支撑砾岩（图 5.19），但厚度较薄。而纯砂岩则以零星砂岩条带形式出现。剖面整体沉积物粒度比扇根细，最大砾石直径仅为 7.63cm，平均砾石直径为 2.78cm。剖面普遍发育有槽状和板状交错层理（图 5.20），并可见小型冲刷面，而韵律层砾岩相沉积较为常见（图 5.17、图 5.18）。

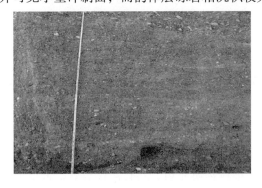

图 5.17　横剖面（测点 19）　　　　　　图 5.18　纵剖面（测点 19）

图 5.19　支撑砾岩（测点 19）　　　图 5.20　板状交错层理含砾砂岩（测点 19）

三、扇缘亚相整体沉积特征

扇缘一般出现在冲积扇趾部，地形相对较平，地面倾角在 3‰ 左右。其地貌特征是具有最低的沉积坡度和地形较平缓，且大部分被植被覆盖（图 5.21）。扇缘沉积物岩性主要为砂岩、粉砂岩、泥质粉砂岩、粉砂质泥岩和中细砾岩，砾岩含量相对较少，含量为 30% 左右，而砂岩等细粒沉积物含量为 70% 左右（图 5.22 ~ 图 5.24）。砾岩砾石混杂堆积，散乱地分布在砂岩、粉砂质泥岩中（图 5.23）。而泥岩主要为浅灰色。砂岩和含砾砂岩中可见到不明显的平行层理、交错层理和冲刷 – 充填构造。含砾砂岩、含砾粉砂质泥岩中无明显构造。该剖面主要发育的岩相为：块状层理含砾砂岩相，块状层理含砾粉砂质泥岩相，泥岩相，交错层理中、细砾岩相，平行层理中、细砾岩等（图 5.22 ~ 图 5.24）。

图 5.21　扇缘植被覆盖（测点 64）　　　图 5.22　板状交错层理中砾岩（测点 72）

图 5.23　砾石散乱分布（测点 72）　　　图 5.24　块状层理含砾粉砂质泥岩（测点 75）

四、扇体不同部位粒度变化特征

通过对白杨河冲积扇内 44 个出露良好的剖面上砾石直径的统计（表 5.2、表 5.3），绘制了最大砾石直径、大砾石的平均直径（MPS）以及砾石平均直径与距出山口距离的关系图件（图 5.25）。

表 5.2 各测点最大砾石直径统计表

点 号	测点坐标/（°）		砾石直径（最大）/cm		距出山口距离/km
	经度（X）	纬度（Y）	a 轴	b 轴	
1	84.883	46.383	44.42	28.32	0.43
2	84.883	46.367	53.01	40.04	2.74
6	84.901	46.351	42.37	22.29	3.58
13	84.900	46.331	13.12	7.39	5.62
11	84.900	46.350	34.45	24.11	4.51
14	84.901	46.333	26.76	18.77	7.06
15	84.917	46.333	35.35	23.98	7.1
16	84.917	46.317	13.72	9.21	8.75
21	84.983	46.251	13.91	9.16	16.13
22	84.984	46.250	17.82	10.19	16.89
18	84.933	46.283	23.79	12.77	12.17
31	85.134	46.167	17.77	8.39	30.56
66	84.917	46.150	11.93	7.28	26.43
42	84.700	46.317	9.24	5.61	4.01
20	84.967	46.250	15.44	8.39	4.06
84	85.033	46.267	11.39	7.95	17.69
86	85.050	46.267	12.1	8.3	16.85
32	85.167	46.167	7.39	5.19	32.12
25	85.083	46.200	13.39	10.56	26.24
58	84.950	46.183	13.64	6.6	22.44
53	84.800	46.200	10.69	6.87	22.39
46	84.700	46.267	10.39	6.1	20.57
44	84.700	46.283	8.6	5.62	19.28

点　号	测点坐标/（°）		砾石直径（最大）/cm		距出山口距离/km
	经度（X）	纬度（Y）	a 轴	b 轴	
19	84.950	46.267	17.17	10.57	13.92
23	85.017	46.233	17.83	9.73	20.48
17	84.933	46.300	16.97	8.09	11.23
62	84.933	46.150	9.72	5.37	26.43
60	85.017	46.183	11.99	8.45	24.12
45	84.750	46.283	16.28	9.66	17.42
68	85.083	46.167	7.77	4.99	29.6
52	84.917	46.267	11.24	6.49	14
51	84.883	46.267	10.13	5.71	14.31
82	85.000	46.250	19.65	11.54	16.59
75	84.983	46.317	18.31	13.2	9.9
88	85.067	46.233	12.76	9.05	21.45
50	84.883	46.300	19.77	11.25	11.23
49	84.867	46.300	19.45	12.04	10.47
48	84.850	46.300	20.07	10.46	10.09
103	85.133	46.168	16.42	9.4	30.44
61	85.016	46.182	16.97	11.8	23.9
59	85.018	46.183	17.5	11.31	24.38
57	84.950	46.250	21.45	16.85	17.08
56	84.933	46.233	20.67	12.22	16.85
55	84.917	46.233	24.58	11.45	16.84

表5.3　各测点大砾石的平均直径（MPS）及砾石平均直径统计表

点　号	距扇根距离/km	大砾石平均粒径（MPS）/cm			砾石平均直径/cm		
		a 轴	b 轴	平均	a 轴	b 轴	平均
2	2.74	29.15	15.16	22.15	10.95	6.44	8.69
6	3.58	29.28	17.50	23.39	15.99	9.87	12.93
11	4.51	27.54	14.83	21.19	12.47	7.61	10.04
17	5.62	10.34	5.52	7.93	4.60	2.63	3.62
15	7.1	14.40	8.88	11.64	6.22	4.18	5.20

续表

点 号	距扇根距离/km	大砾石平均粒径（MPS）/cm			砾石平均直径/cm		
		a 轴	b 轴	平均	a 轴	b 轴	平均
16	8.75	14.00	8.75	11.38	6.36	4.22	5.29
75	9.9	9.23	5.40	7.32	2.54	1.64	2.09
50	10.09	7.49	4.58	6.03	2.55	1.73	2.14
49	10.47	7.81	4.63	6.22	3.04	1.54	2.29
48	10.88	9.36	5.69	7.53	2.94	1.98	2.46
17	11.23	11.39	6.07	8.73	4.33	2.53	3.43
18	12.17	14.07	7.09	10.58	5.74	3.21	4.47
19	13.92	11.43	6.50	8.96	4.05	2.60	3.32
51	14.31	7.35	4.33	5.84	2.28	1.46	1.87
21	16.13	7.45	4.71	6.08	2.62	1.74	2.18
82	16.59	10.26	6.16	8.21	2.81	1.83	2.32
57	16.84	9.53	5.76	7.65	2.32	1.63	1.98
56	16.85	8.14	5.11	6.62	2.18	1.49	1.83
22	16.89	10.06	5.60	7.83	3.56	2.09	2.83
55	17.08	10.21	6.26	8.24	2.75	1.89	2.32
45	17.42	6.83	3.99	5.41	2.01	1.16	1.59
44	19.28	5.37	3.00	4.19	1.52	0.97	1.24
23	20.48	10.64	5.89	8.27	3.82	2.30	3.06
46	20.57	5.61	3.21	4.41	1.91	1.28	1.59
61	23.9	8.78	5.49	7.14	2.15	1.48	1.82
60	24.12	7.52	4.38	5.95	2.21	1.35	1.78
59	24.38	9.26	5.86	7.56	2.97	2.08	2.53
62	26.43	6.00	3.49	4.75	1.94	1.25	1.59
66	26.43	7.98	4.95	6.46	2.36	1.46	1.91
68	29.6	8.66	5.27	6.97	2.22	1.43	1.83
103	30.44	10.41	6.24	8.33	3.13	2.12	2.63
31	30.56	7.14	4.59	5.87	2.72	1.82	2.27

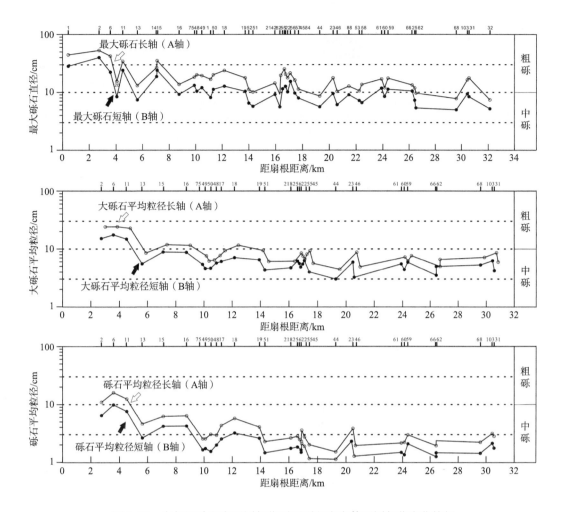

图 5.25　白杨河冲积扇不同部位砾石砾径在扇体不同部位变化特征

通过图 5.25 可以看出，各测点砾石的最大直径、大砾石的平均直径（MPS）以及砾石的平均直径都随着具扇根出山口距离的增大而呈递减趋势，虽然整体趋势变化为递减，但递减呈波动性。因砾石直径的大小往往可以反映当时的水动力条件，由此可以看出水动力大小是在不断变化的。

由砾石平均直径分布等值线图（图 5.26）和大砾石平均直径（MPS）分布等值线图（图 5.27）可以看出，扇根出山口处砾石直径最大，随着距离出山口处距离的增大，砾石直径逐渐减小。在等值线图上可见多处砾石直径数值异常点，这反映扇上水动力变化的复杂性。

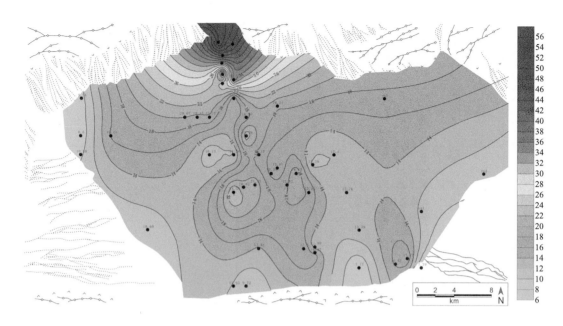

图 5.26　白杨河冲积扇不同部位砾石平均砾径分布等值线图

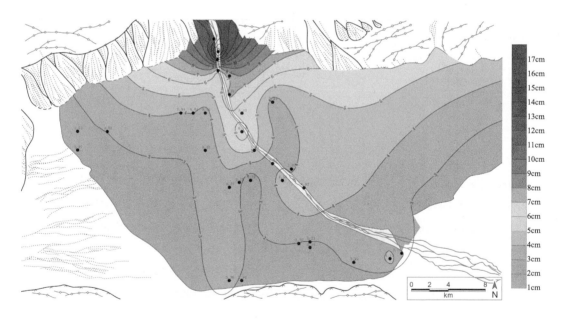

图 5.27　白杨河冲积扇不同部位最大砾石平均砾径分布等值线图

　　通过扇上 25 个测点采集的样品进行不同粒级成分含量分析（表 5.4），绘制各成分随距扇顶点距离的变化关系（图 5.28），并绘制扇上砂级成分含量分布等值线图（图 5.29）和细粒（泥 + 粉砂）成分含量分布等值线图（图 5.30）。

表 5.4 各测点不同粒级沉积物含量统计表

点号	测点坐标/(°)		砾含量/%	砂含量/%	泥＋粉砂含量/%	距出山口距离/km
	经度（X）	纬度（Y）				
60	85.025	46.185	63.95	32.59	3.46	24.12
31	85.133	46.183	40.23	59.15	0.62	30.56
68	85.083	46.166	60.55	22.12	17.33	29.6
52	84.916	46.266	51.64	44.84	3.52	14
71	84.900	46.383	30.79	67.65	1.56	1.36
82	85.000	46.250	45.70	44.22	10.08	16.59
12	84.900	46.350	22.82	71.44	5.75	4.74
75	84.975	46.310	50.66	45.59	3.74	9.9
88	85.066	46.233	63.72	25.47	10.82	21.45
2	84.895	46.366	69.85	27.12	3.03	2.74
4	84.900	46.366	54.61	41.59	3.80	3.23
5	84.883	46.366	36.12	55.11	8.77	2.7
13	84.901	46.338	91.10	7.43	1.47	5.53
11	84.900	46.348	47.44	21.59	30.98	4.51
16	84.916	46.316	77.81	21.42	0.77	8.75
21	84.975	46.255	72.97	25.83	1.21	16.13
22	84.988	46.240	63.77	35.52	0.71	16.89
19	84.950	46.260	61.40	37.77	0.83	13.92
18	84.933	46.283	62.46	36.63	0.91	12.17
66	84.916	46.150	55.09	38.32	6.59	26.43
84	85.022	46.258	56.19	36.51	7.31	17.69
25	85.083	46.200	59.80	29.85	10.35	26.24
46	84.710	46.266	66.67	27.37	5.96	20.57
44	84.710	46.283	62.49	28.48	9.03	19.28
23	85.016	46.231	63.06	34.84	2.10	20.48

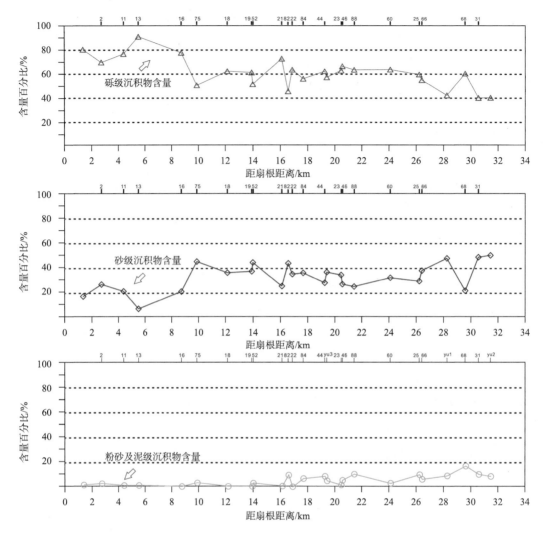

图5.28　白杨河冲积扇不同部位不同粒级沉积物含量分布特征

如图5.28所示，样品中的砾石成分含量随着距离扇根出山口距离的增加呈减少趋势，砂级成分含量随着距扇根出山口距离的增加呈不断增大的趋势，细粒（泥＋粉砂）成分含量随着距扇根出山口距离的增加呈不断增大的趋势，以上变化趋势可大致反映水动力随着距离增大而逐渐减弱。

通过砂级成分含量分布等值线图（图5.29）和细粒（泥＋粉砂）成分含量分布等值线图（图5.30）可以看出，砂级含量在扇根处含量最少，在扇中以及近扇缘区带含量较多；从细粒（泥＋粉砂）成分含量分布等值线图上可以看出，细粒沉积物含量在扇根处含量最少，在近扇缘处含量最多，在邻近现今常流水区域（白杨河阶地）处含量较少，在远离常流水区域（白杨河阶地）含量较多。砂级成分含量的分布和细粒（泥＋粉砂）含量分布可反映水动力变化，在水动力较强的区域，砂级成分和细粒成分含量很少，而在水动力较弱的区域砂级成分含量和细粒（泥＋粉砂）成分含量则相对多；在长期水流改造的区带，细粒（泥＋粉砂）级沉积物含量较少，而在没有长期水流改造的区带，细粒（泥＋粉砂）级沉积物的含量较多。

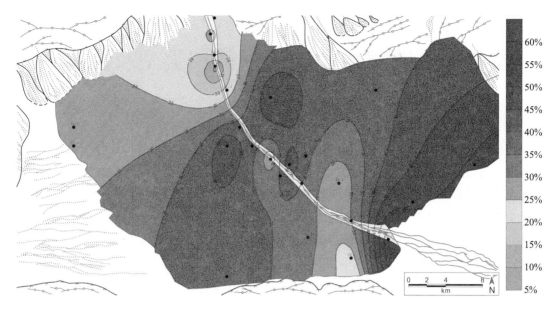

图 5.29 白杨河冲积扇不同部位砂级碎屑含量分布等值线图

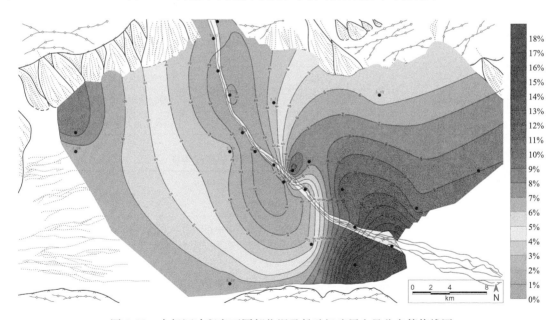

图 5.30 白杨河冲积扇不同部位泥及粉砂级碎屑含量分布等值线图

第六章　白杨河冲积扇沉积微相类型及沉积特征

受控于阵发性洪水建造过程的控制，白杨河冲积扇沉积演化过程可划分为洪水期和间洪期两个形成期次。基于岩相类型、岩相组合、几何形态及展布规模等特征分析，洪水期白杨河冲积扇扇体内部可划分为六种沉积微相类型，分别为扇根补给水道、扇根片流带、扇中辫状水道、扇中片流带、扇缘径流水道以及扇缘湿地微相。间洪期扇体内部同样可区分出六种沉积微相，包括扇根主槽、扇根槽间带、扇中辫状沟槽、扇中槽间带、扇缘径流水道以及扇缘湿地微相（表6.1），各微相主要沉积特征见表6.2。

表6.1　白杨河冲积扇微相划分

相	亚　相	微　相
冲积扇（洪水期）	扇根	补给水道、扇根片流带
	扇中	辫状水道、扇中片流带
	扇缘	径流水道、扇缘湿地
冲积扇（间洪期）	扇根	主槽、槽间带
	扇中	辫状沟槽、槽间带
	扇缘	径流水道、扇缘湿地

表6.2　白杨河冲积扇各微相主要沉积特征

相	亚相	微相		相标志
洪水期	扇根	补给水道	岩性	紫红色粗砾岩、中砾岩
			结构	大小砾石混在堆积，以中粗砾岩为主，平均最大砾石直径为29.2cm×15.2cm，分选较差，次圆—圆状，粒度概率曲线呈现上拱形，宽范围，斜率低
			构造	沉积构造较不发育，但递变层理较为发育，导致沉积期次比较明显
			岩石相及其组合	块状层理砾岩、杂基支撑砾岩和递变层理砾岩。典型岩石相组合从下至上依次为杂基支撑砾岩、块状层理砾岩、递变层理砾岩
		扇根片流带	岩性	紫红色中砾岩、细砾岩
			结构	中、细砾岩，混杂堆积，平均最大砾石直径为13.4cm×6.9cm，分选较差，磨圆较好；粒度概率曲线表现两种形态：平滑上拱形和宽区间低斜率多段式

续表

相	亚相	微相		相标志
洪水期	扇根	扇根片流带	构造	以块状层理和洪积层理为主
			岩石相及其组合	块状层理砾岩（略显成层性）、片流砾岩和支撑砾岩
	扇中	辫状水道	岩性	紫红色中砾岩、细砾岩
			结构	大小砾石混杂堆积，主要为中西砾岩，平均最大砾石直径为 8.21cm × 4.75cm，多峰，低斜率，分选差、磨圆较好；两段式，跳跃组分宽区间
			构造	冲刷面构造，局部出现不太清楚的交错层理
			岩石相及其组合	块状层理砾岩、不太清楚的交错层理砾岩；典型岩石相从下至上依次为块状层理砾岩、不太清楚的交错层理砾岩
		扇中片流带	岩性	紫红色中砾岩、细砾岩
			结构	以中细砾岩为，分选中等—较差，磨圆较好；粒度概率曲线表现为平滑上拱一段式和三段式；分别表现为多峰和单峰；均为宽区间、低斜率
			构造	以块状层理和洪积层理为主
			岩石相及其组合	片流砾岩、略显成层性的块状层理砾岩和支撑砾岩
	扇缘	径流水道	岩性	紫红色细砾岩、黄色砂岩、粉砂岩和灰色泥岩
			结构	主要为细砾岩、砂岩，局部出现中砾岩；两端式—多段式，单峰/双峰，砾岩分选中等，砂岩分选较好
			构造	沉积构造不太发育，局部可见平行层理
			岩石相及其组合	块状层理砾岩、块状层理砂岩相、交错层理砂岩，块状层理粉砂岩
		扇缘湿地	岩性	淡黄色砂岩、粉砂岩及灰色泥岩
			结构	粒度较细
			构造	基本不发育沉积构造，局部可见水平层理
			岩石相及其组合	泥岩、块状层理粉砂质泥岩和块状层理粉砂岩
间洪期	扇根	主槽 流沟	岩性	紫红色粗砾岩、中砾岩、细砾岩、淡黄色砂岩
			结构	砾石混杂堆积、分选中等—较差，磨圆较好。粒度概率曲线表现为三段式或多段式，中等斜率
			构造	主要发育冲刷面、交错层理、块状层理、底部滞留砾石层、叠瓦状构造等
			岩石相及其组合	块状层理砾岩相、交错层理砾岩相、支撑砾岩相、叠瓦状排列砾岩相、前积层理砾岩相、小型交错层理砂岩相、块状层理砂岩相、块状粉砂岩；典型的岩石相组合从下至上依次为叠瓦状排列砾岩、块状层理砾岩、支撑砾岩、块状层理砾岩相、交错层理砾岩（层理底部可能发育支撑砾岩）、交错层理砂岩相或块状层理砂岩

续表

相	亚相	微相		相标志
间洪期	扇根	主槽	沟间滩	岩性	紫红色中砾岩、细砾岩
			结构	砾石混杂堆积，分选中等—较差，磨圆较好。粒度概率曲线表现为三段式或多段式，中等斜率
			构造	前积层理
			岩石相及其组合	块状层理砾岩、前积层理砾岩。典型岩石相组合从下至上依次为块状层理砾岩相、前积层理砾岩相
		槽间带		其沉积特征扇根片流带类似
	扇中	辫状沟槽	流沟	岩性	紫红色中砾岩、细砾岩、淡黄色砂岩、粉砂岩
				结构	混杂堆积。分选中等—较差，磨圆较好；三段式、多段式；多峰
				构造	侵蚀—充填构造、块状层理、交错层理、平行层理
				岩石相及其组合	块状层理砾岩、交错层理砾岩、支撑砾岩、块状层理砂岩、前积层理砾岩、大、小型交错层理砂岩、平行层理砂岩、交错层理粉、砂岩、块状层理粉砂岩；典型岩石相组合从下至上依次为块状层理砾岩相、支撑砾岩、块状层理砾岩、交错层理砾岩、交错层理砂岩或块状层理砂岩、交错层理粉砂岩或块状层理粉砂岩
			沟间滩	岩性	紫红色中砾岩、细砾岩
				结构	混杂堆积。分选中等—较差，磨圆较好；三段式、多段式；多峰
				构造	前积层理
				岩石相及其组合	块状层理砾岩、前积层理砾岩。典型岩石相组合从下至上依次为块状层理砾岩相、前积层理砾岩相
		槽间带		其沉积特征扇中片流带类似
	扇缘			与洪水期扇缘一致

第一节　扇根沉积微相类型及特征

一、补给水道微相

补给水道主要发育与扇根出山口处，是洪流所携带的大量沉积物在限制性河道内快速沉积而形成的。补给水道位于扇根内带，顶端正对出山口，呈喇叭形向下倾方向展宽，面积小于冲积扇面积的5%（如图6.1红色区域所示）。补给水道微相主要在6、7、8、94测点处出露比较广泛。初始阶段，伴随补给水道内沉积物沉积充填及向下游的不断流动迁移，补给水道受山体地貌限制逐渐变小，直至出山口后不再受山体的限制。

补给水道微相沉积特征较为明显：沉积厚度及空间展布受补给水道底部形态、两侧山体控制，每期沉积厚度较大，单期厚度为 1.2m 左右。该微相沉积物主要由砾岩和砂砾岩组成，岩性主要为紫红色粗砾岩、含粗砾中砾岩、中砾岩和中细砾岩。砾石成分主要为火山岩、变质岩为主。砾石大小混杂，砾石最大直径可达 86cm，平均最大砾石直径为29.2cm，砾石平均直径为 10.95cm。分选极差，局部可见大的"漂砾"，砾石间杂基以细砾、粗砂为主。砾石磨圆较好，砾石呈现次圆—次棱角状。利用单岩相层厚度和反映流体的载荷能力的最大砾石直径 MPS（一般统计剖面不同部位 10 个最大砾石的砾径取平均值）交会，两者存在较好的正相关（图6.2），反映流体性质为碎屑流特征。而补给水道微相粒度概率曲线表现为"S"形上拱或一段式形态（图6.2），同样反映该微相流动机制为碎屑流。

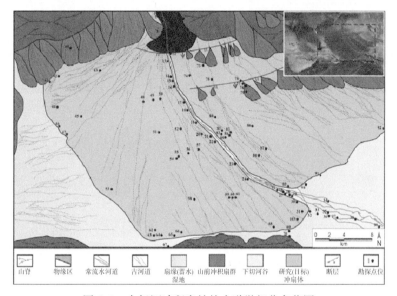

图 6.1　白杨河冲积扇补给水道微相分布范围

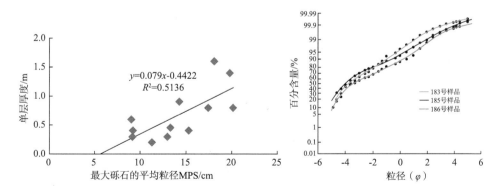

图 6.2　白杨河冲积扇补给水道微相 MPS 与单层厚度交会图及粒度概率曲线

该微相岩相多呈块状，但递变层理较为发育（图6.3），导致该微相沉积期次比较明显。每期底部主要为粗砾、中粗砾，向上渐变为中砾、中细砾岩，局部渐变为细砾岩。经研究分析，补给水道主要岩相类型包括：递变层理砾岩相、块状层理砾岩相和杂基支撑砾岩相（图6.4）。但由于扇体上游流域盆地面积较大且距白杨河冲积扇出山口较远，沉积物在搬运至扇体前已经历长距离的搬运，并且物缘区泥、砂等细粒碎屑沉积物含量相对较少，故杂基支撑砾岩含量较少，只在测点93出现少许。统计发现，杂基支撑砾岩相含量大约为4.6%，另两种含量相对较多，其中递变层理砾岩相含量约为67.3%，块状层理砾岩相含量为28.1%（图6.4）。

图6.3　白杨河冲积扇补给水道微相岩相特征
（a）～（d）为测点2，（e）为测点11

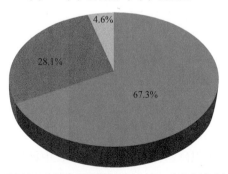

■递变层理砾岩相　■块状层理砾岩相　■杂基支撑砾岩相

图6.4　白杨河冲积扇补给水道内部岩相组成及各自比重

结合野外垂向柱子细描及剖面精细解剖，补给水道微相典型的岩石相组合可归纳为：从下至上依次发育杂基支撑砾岩相、块状层理砾岩相、递变层理砾岩相（图6.5），但该岩相组合在扇根部位不同剖面位置可出现某一岩相类型的缺失。

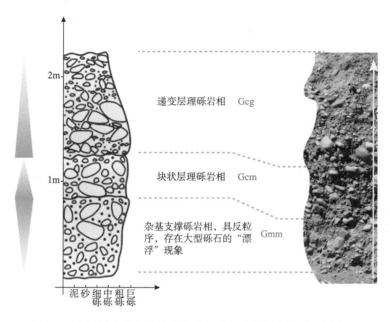

递变层理砾岩相　Gcg

块状层理砾岩相　Gcm

杂基支撑砾岩相，具反粒
序，存在大型砾石的"漂
浮"现象　　　Gmm

泥砂细中粗巨
　　砾砾砾砾

图6.5　白杨河冲积扇补给水道微相内部岩相组合类型（测点2）

二、扇根片流微相

扇根片流微相主要分布于补给水道之外。洪水期，洪水携带粗碎屑物质漫溢出补给水道，在扇面上形成发散片状水流，所携带的粗碎屑沉积物快速沉降。每次都可以形成一个朵叶体，多个朵叶体相互切割、叠加形成片流带。片流带表面一部分被间洪期河道侵蚀，并在河道底部留下粗砾的砾石滞留层。更多是被后期非事件性洪水期携带的沉积物充填并改造。在这些改造区域大量沉积物垂向堆积在先前沉积物之上，使得先前片流带得到较好的保存。扇根片流带微相出露广泛，在扇根剖面随处可见，沉积特征明显。

扇根片流带特征主要为：由于其不受两侧山体限制，水流携带沉积物发散展开，每期沉积厚度相对较薄，大约在0.6m左右。据T. C. Blair（1995）研究表明，片流发散展开角度一般都在120°左右。该微相沉积物主要由砾岩、砂砾岩和砂岩组成，岩性主要为中粗砾岩、中砾岩、细砾岩、含砾砂岩和砂岩。由于扇根片流带延伸距离较长，大约7km，故其粒度会随搬运距离增加而变化，相比而言冲积扇轴部比两侧片流砾岩的粒度大。轴部最大砾石直径从靠近扇根内带14cm逐渐减小至13.42cm，平均砾石直径由12.47cm减小至5.15cm。而在扇根外带边缘处最大砾石直径由轴部的13.42cm减小至7.81cm，平均砾石直径由5.15cm减小至3.04cm。沉积物内砾石大小混杂堆积，其砾石间砂质杂基含量较扇根内带高，分选较差，磨圆较好，砾石呈现次圆—次棱角状。其粒度概率曲线主要表现为两种形态：一是块状支撑砾岩的平滑上拱式，反映其水动力条件较强，为碎屑流沉积；二是表现为宽区间低斜率多段式，主要为片流砾岩相和支撑砾岩相，代表牵引流沉积。因此片流带水动力条件介于碎屑流和牵引流之间，不同位置水动力差异较大。

扇根片流带主要发育块状层理、洪积层理，代表了扇根片流带两种主要的岩石相：块状层理砾岩相、韵律层砾岩相（片流砾岩）（图 6.6），另外还发育支撑砾岩。扇根片带流内部的片流砾岩相、块状层理砾岩相均呈带状展布。由于片流砾岩形成需要一定的条件，故在垂向可出现块状砾岩与片流砾岩相互叠置。在片流砾岩中，片流砾岩延伸不长，一般为 10~20m 左右，多期片流呈楔形叠加。扇根片流常见被后期主槽水流改造侵蚀的现象。

图 6.6　白杨河冲积扇补给水道微相岩相特征
（a）为测点 18；（b）为测点 19；（c）为测点 11

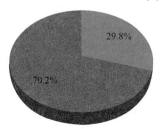

■ 片流砾岩　　■ 块状层理砾岩

图 6.7　白杨河冲积扇补给
水道微相岩相组成特征

扇根片流带中各岩石相所占含量如图 6.7 所示，其中支撑砾岩常发育于片流砾岩底部，与片流砾岩不易区分，因此不做统计。韵律层砾岩相（片流砾岩）只占 29.8%，这反映片流砾岩的形成需要一定的条件。据 T. C. Blair（2000）研究表明片流砾岩平均厚度为 0.5m，形成于水流速度 3~6m/s，卸载量 45.6m³/s，弗洛德数为 1.4~2.8，扇面坡角 2°~5° 的条件下。片流砾岩内部纹层一般为 5~20cm，每一纹层从下至上均表现为正韵律，但垂向可叠置成厚层沉积（图 6.8）。其形成过程为：一次片流的形成伴随了超临界驻波的频繁产生和破坏。随着时间的流逝，驻波开始自动循环使其振幅加大，波长变大，并沿坡面向下迁移、变陡并不稳定，最终被后续流水冲击、破碎、消散。在这过程中驻波不断地循环，将底部的细粒沉积物向上翻卷并形成下粗上细正韵律。

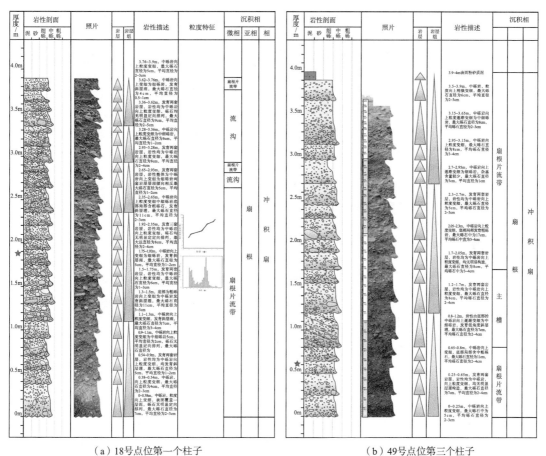

（a）18号点位第一个柱子　　　　　　（b）49号点位第三个柱子

图6.8　白杨河冲积扇扇根片流微相岩相组合特征

三、主槽及槽间带微相

当季节性洪水流至出山口附近时，洪水流受峡谷限制减小，甚至消失，水流扩散、能量消耗，所携带的碎屑沉积物快速堆积下来。沉积初期，由于水、砾石、砂泥等细粒沉积物相互混杂，呈碎屑流状态，以沉积状态为主，这时主槽较不发育。当洪水期过后，沉积物供给减少，所携带沉积物减少，水流开始对先期沉积物进行冲刷，主槽逐渐形成，并长期承受沉积后期水流的冲刷改造作用。因此，主水道沉积为牵引流和重力流混杂沉积。Schumm 等（1960）研究结果表明，沿着扇的轴部是主水道最稳定的方向。如果主槽在山口附近发生偏向，会改变主槽方向。Hook（1967）的水槽实验结果表明，当主水道坡度小于扇面坡度时，它们向着扇中交汇点汇聚。在交汇点处主水道高度高于到扇面，并在那里急剧拓宽发生沉积作用。

主槽内沉积特征比较明显，其特征为：岩性比较复杂，主要为粗砾岩、中砾岩、细砾岩、砂岩、粉砂岩等，砾石直径变化较大，从 40cm 直径的砾石至砂岩沉积物均有，沉积物分选中等—较差，磨圆较好（图 6.9）。主槽内沉积构造较为发育，主要发育侵蚀面、交错层理、块状层理、前积层理、底部滞留砾石层和叠瓦状构造。

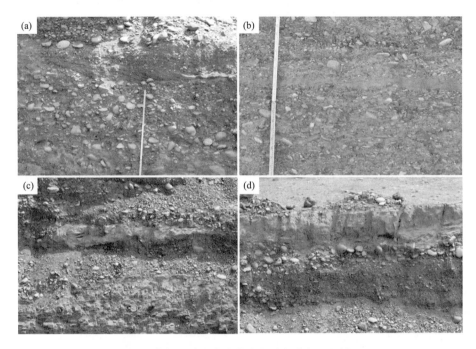

图 6.9　白杨河冲积扇主槽微相岩相特征（测点 2）

主槽发育的岩石相主要有块状层理砾岩相、交错层理砾岩相、支撑砾岩相、叠瓦状排列砾岩相、前积层理砾岩相、交错层理砂岩相、块状层理砂岩相和块状粉砂岩相。由于支撑砾岩常与交错层理相伴相生，因此在这不统计支撑砾岩相含量，其他各岩石相在主槽内含量如图 6.10 所示，其中交错层理最为发育（63.9%），其次为块状层理砾岩相（26.9%），而块状层理砂岩、交错层理砂岩和块状粉砂岩含量较少，只占据 1% 左右。

在主槽内从下至上观察岩石相变化，其变化关系如图 6.11 所示，岩石相之间的变化

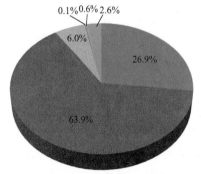

图 6.10　白杨河冲积扇主槽岩相组成特征

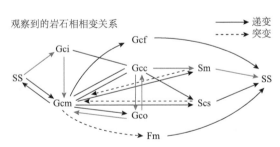

图 6.11　白杨河冲积扇主槽岩相组合变化关系
SS—冲刷面；Gci—叠瓦状砾岩；Gcm—块状层理；
Gcc—交错层理砾岩；Scs—交错层理砂岩；
Gcf—前积层理；Fm—块状粉砂岩；Sm—块状砂岩

关系较为复杂。块状层理砾岩主要发育在主槽的底部（图6.12），主要为主槽冲刷先期沉积物所遗留的底部滞留砾石层。支撑砾岩一般发育在主槽的底部或主槽内交错层理底部，主要是间洪期主槽内的水流冲刷先期沉积物，把沉积物中砂泥等细砾沉积物冲刷带走，滞留大砾石后被洪水期沉积物整体覆盖，使砾石层得以保存。主槽底部的支撑砾岩一般厚度

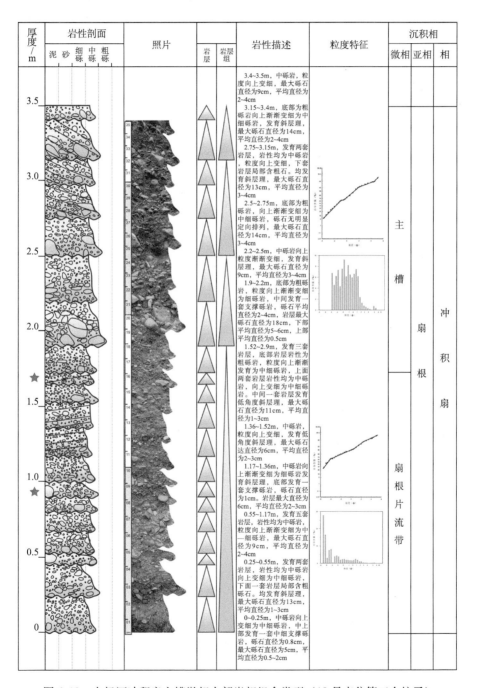

图6.12　白杨河冲积扇主槽微相内部岩相组合类型（18号点位第三个柱子）

较大，在10cm左右，砾石直径较大。而交错层理底部支撑砾岩厚度较小，一般在3~6cm，砾石直径较小。

白杨河冲积扇内部主槽微相有两种主要的岩相组合类型：①洪水期后期或间洪期流水减弱主槽内流沟沉积。典型的岩石相组合从下至上分别为叠瓦状排列砾岩、块状层理砾岩、支撑砾岩、块状层理砾岩、交错层理砾岩（层理底部发育支撑砾岩）、交错层理砂岩或块状层理砂岩等（图6.13）。但在实际剖面上可能只出现其中一种或几种岩石相类型，主槽内从下至上依次发育块状层理砾岩、支撑砾岩、块状层理砾岩和交错层理砾岩，这种岩石相组合代表主槽内流沟微相沉积。②沟间滩沉积岩石相组合在白杨河冲积扇较为少见，只在局部剖面出露，主要是由于主槽来回迁移致使其难以保存。其典型岩石相组合从下至上依次为块状层理砾岩、前积层理砾岩（图6.13）。其代表了主槽内沟间滩沉积，其主要特征为沉积物从下至上成反韵律，微相形态表现为底平顶凸的透镜状。

槽间带主要为间洪期未被主槽改造的地貌高地，早期沉积区域，其沉积物包括一部分扇根片流带沉积和一部分补给水道沉积，在此不再赘述。

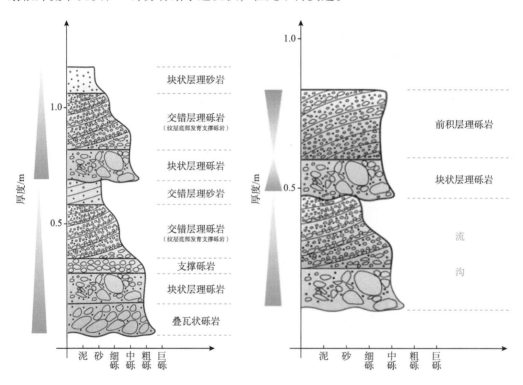

图6.13　白杨河冲积扇主槽岩相组合变化关系

第二节　扇中沉积微相类型及特征

一、辫状水道微相

前期沉积物受沉积时不均匀分散沉积和后期持续的改造形成凹凸不平的地形，当最新一期洪水来临时，经过扇根内带和扇根外带的缓冲，水动力有了一定的减小，当其水动力不足以越过地势较高的地方时，片流在惯性的作用下向地势较低的地方汇聚，向前延伸，并渐渐地充填地势低洼处，致使地表凹凸高程差减小，片流继续向前迁移，直至下一个高峰点。

虽然辫状水道是由于片流带水动力减小形成的，但其水动力依然相对较强，其沉积物岩性较粗，主要以中细砾岩为主，砂泥含量很少。大小砾石混杂堆积，平均最大砾石直径为8.21cm。其粒度概率曲线主要表现为宽区间低斜率两段式，其中跳跃组分含量较高（图6.14），反映水动力主要为高能量牵引流；粒度直方图主要表现为多峰，反映其分选较差。磨圆较好，砾石呈次圆—次棱角状。因辫状水道水动力较强且携带较多沉积物，沉积物快速沉降堆积，致使辫状水道内沉积构造不太发育，主要发育块状层理、交错层理和冲刷面等构造。

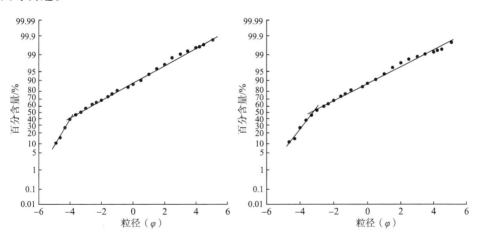

图6.14　扇中辫状水道沉积粒度概率曲线（测点19）

辫状水道岩石相类型相对较少，包括块状砾岩及交错层理砾岩（图6.15）。各岩石相在辫状水道微相中所占比例如图6.16所示。辫状水道内典型的岩石相组合为块状层理砾岩向上变为交错层理砾岩相（图6.17）。但在实际剖面上可能单独出现，即一个辫状水道内只发育一种岩石相。辫状水道呈现顶平底凸，因此内部岩石相也会出现这种形态。不同期次的辫状水道相互切割改造，并且先前辫状水道会被后期的辫状沟槽沉积物所充填。

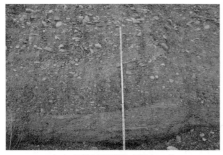

（a）交错层理砾岩（测点19）　　　　　　　　（b）块状层理砾岩相（测点56）

图 6.15　扇中辫状水道岩相特征

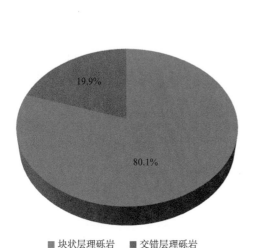

图 6.16　辫状水道岩相组成特征

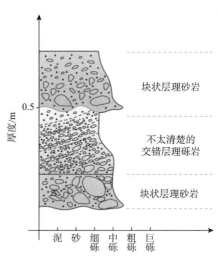

图 6.17　辫状水道微相岩相组合

二、扇中片流带

扇中片流带是扇根片流带向下延伸的产物。片流在向下延伸的过程中遇见高差较大的区域，难以向下继续延伸，因此汇聚成辫状水道顺低洼处向前延伸。辫状水道将凹凸不平的地表逐渐填平，致使高程相对较高区域地势高差缩小，不能再阻挡片流继续向前延伸，致使在扇中地带发育片流带。扇中片流带与辫状水道在垂向上可相互转化。

扇中片流带沉积特征与扇根片流带类似，但砾石直径总体减小。相对扇根片流，每期片流厚度相对较小，单层厚度较薄在 10～20cm（图 6.18）。但横向延伸较远，随着离出山口距离的增加，扇中部位片流带的含量逐渐减少，在靠近扇缘的采石场剖面上基本不发育扇中片流带沉积。沉积物主要以中—细砾岩为主，局部还可见一些含砾粗砂岩。扇中片流带沉积构造不太发育，主要发育洪积层理和块状层理。片流砾岩与扇根片流砾岩的形成原因相同，但扇中占比不多。支撑砾岩常发育在片流砾岩的纹层底部，作为片流砾岩的副产物，但不是每个纹层底部都发育支撑砾岩。通常片流沉积与辫状水道沉积相互叠加或被辫状水道侵蚀改造（图6.19）。片流沉积也可相互叠加，不同期次片流呈楔状叠加。

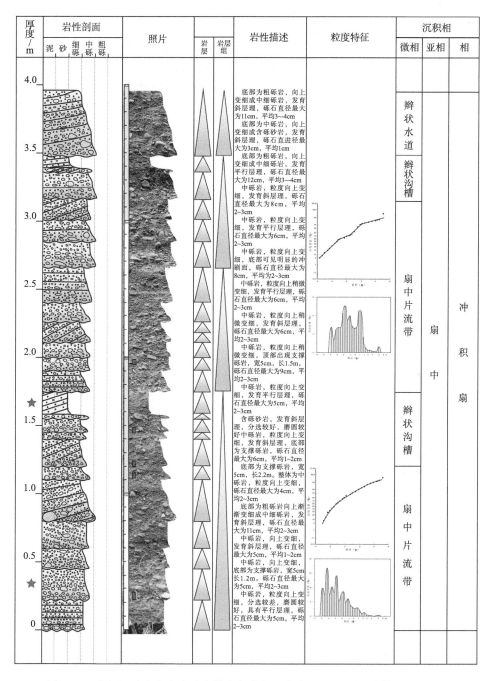

图6.18　白杨河冲积扇扇中片流带内部岩相组合类型（21号点位第一个柱子）

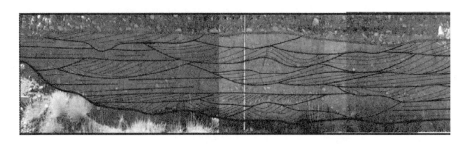

图 6.19 扇中片流带与辫状水道及辫状沟槽相互侵蚀改造（测点 23）

三、扇中辫状沟槽

辫状沟槽是主槽进入扇中部位分叉所形成的分支河道，它们呈辐射状分布于扇中地带，通常情况下辫状沟槽较主槽弯曲度大。研究区辫状沟槽沉积主要是由中砾岩、细砾岩、砂岩和少部分的粉砂岩组成，砂和泥含量较少，随离出山口距离的增加，砂泥等细粒沉积含量逐渐增加。砾石分选中等、磨圆较好。其粒度概率曲线主要表现为三段式或多段式［图 6.20（a）］，砾石直方图显示多峰［图 6.20（b）］。辫状沟槽内部沉积构造比较发育，主要发育有侵蚀—充填构造、块状层理、交错层理、平行层理以及前积层理等。

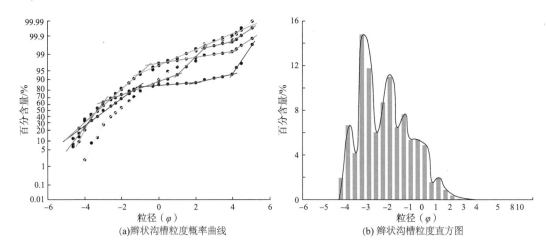

(a)辫状沟槽粒度概率曲线　　　　　　　(b)辫状沟槽粒度直方图

图 6.20 辫状沟槽粒度特征

辫状沟槽发育的岩石相主要有块状层理砾岩相、交错层理砾岩相、支撑砾岩相、块状层理砂岩相、前积层理砾岩相、大小型交错层理砂岩、平行层理砂岩、交错层理粉砂岩相和块状层理粉砂岩相等（图 6.21）。各岩石相在辫状沟槽内含量如图 6.21（d）所示。其中大部分为交错层理砾岩相，占据整个微相的 71.5%，其次为块状层理砾岩相、交错层理砂岩相和块状层理砂岩相，分别占据 12.5%、9.1% 和 4%。前积层理砾岩相含量最少，只占据整个微相比例的 0.2%。

（a）块状层理砂岩相（测点46）　　　（b）平行层理砂岩相（测点66）

（c）交错层理粉砂岩相（测点46）　　（d）辫状沟槽各岩石相含量比例图

图6.21　辫状沟槽沉积特征

辫状沟槽和主槽一样，其内部也发育流沟和沟间滩两个微微相。根据野外剖面实际观察到的岩石相相变关系，总结出两个岩石相组合（图6.22、图6.23），分别对应两个次级构型单元。①流沟。其典型的岩石相组合与主槽流沟类似，粒度较其更细，向上可转变为粉砂岩［图6.24（a）］。而实际剖面上观察到的岩石相类型可能只有其中一种或几种［图6.24（b）］。②沟间滩。为辫状沟槽内相对位置较高的地方，从下至上表现为反韵律，发育前积层理，其典型的岩石相组合如图6.25所示。

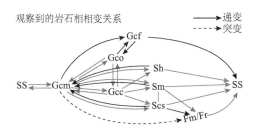

图6.22　辫状沟槽内流沟岩发育相组合关系
SS—冲刷面；Gcm—块状层理；
Gcc—交错层理砾岩；Scs—交错层理砂岩；
Gcf—前积层理；Fm—块状粉砂岩；
Sm—块状砂岩；Sh—平行层理砂岩；
Fr—交错层理粉砂岩

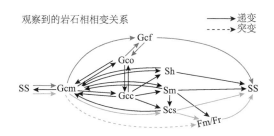

图6.23　辫状沟槽内沟间滩发育相组合关系
SS—冲刷面；Gcm—块状层理；
Gcc—交错层理砾岩；Scs—交错层理砂岩；
Gcf—前积层理；Fm—块状粉砂岩；
Sm—块状砂岩；Sh—平行层理砂岩；
Fr—交错层理粉砂岩

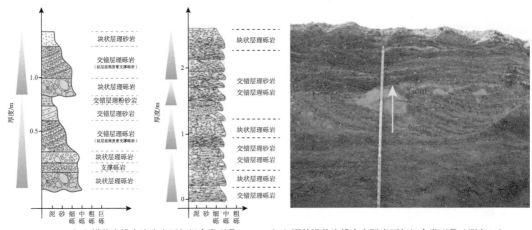

（a）辫状沟槽内流沟岩石相组合类型①　　　（b）野外辫状沟槽内实际岩石相组合类型①（测点46）

图 6.24　辫状沟槽岩石相组合类型①

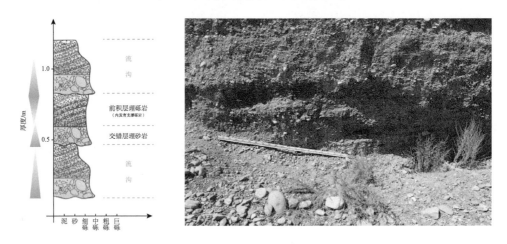

图 6.25　辫状沟槽内岩石相组合类型②（测点 19）

　　辫状沟槽与辫状水道同在扇中发育，两者在形态上类型，都为顶平底凸。但两者为不同时期形成，因此两者具有一定的差异性，主要体现在三个方面（图 6.26）：①粒度。辫状水道和辫状沟槽形成于不同的沉积环境，其形成水动力条件不同。辫状水道为片流带分散汇聚而形成，其水动力相对较强，且偏向碎屑流沉积，故其内部沉积物粒度较粗，粒度概率曲线表现为宽区间低斜率的两段式，少见悬浮组分。辫状沟槽主要为间洪期主槽在扇中部位分叉形成的水道，其水动力较小，更偏向于典型的牵引流沉积，故其粒度相对较细。②分选。辫状水道内偏向碎屑流沉积，分选较差。而辫状沟槽分选较好。③沉积构造。辫状水道内沉积构造不太发育，主要表现为大小砾石的混杂堆积。辫状沟槽内沉积构造较为发育。

虽然辫状水道和辫状沟槽具有一定的差异性，但也有一定的联系，即同一沟槽内先后沉积辫状水道和辫状沟槽沉积，或辫状水道和辫状沟槽相互切割改造。主要体现在两个方面：①辫状沟槽在先期辫状水道上发育并改造辫状水道（图6.27），先期辫状水道沉积结束后并未完全充填低洼处，随后间洪期沉积向低洼处延伸，辫状沟槽水流冲刷改造辫状水道沉积，形成了河道内支撑砾岩发育的初始条件。②辫状水道沉积快速充填辫状沟槽（图6.28），辫状沟槽冲刷底部沉积，为完全充填沟槽，洪水期时，片流散开在此低洼处汇聚形成辫状水道并快速充填，这是河道内支撑砾岩得以保存的主要原因。

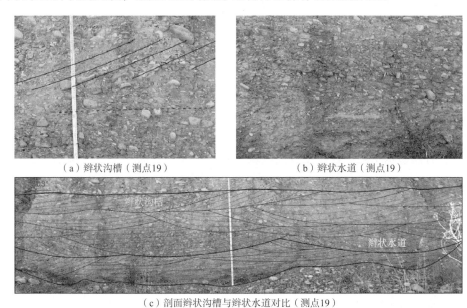

（a）辫状沟槽（测点19）　　　　　　　（b）辫状水道（测点19）

（c）剖面辫状沟槽与辫状水道对比（测点19）

图6.26　辫状沟槽与辫状水道差异

图6.27　辫状沟槽在先期辫状水道上发育并充填改造辫状水道（测点57）

图6.28　辫状水道沉积快速充填辫状沟槽（测点57）

第三节　扇缘沉积微相类型及特征

一、径流水道微相

扇缘径流水道为辫状水道和扇中沟槽向下延伸形成的。由于向下延伸过程中水动力逐渐减小并伴随着流体下渗致使一部分辫状水道无法延伸到扇缘，致使扇缘径流水道发育较少。扇缘径流水道一般较窄，单层厚度较薄，沉积物粒度较细，主要为细砾岩和砂岩。分选相对中等至较好，磨圆较好。

径流水道主要发育块状层理砾岩相、块状层理砂岩相、交错层理砂岩相和块状层理粉砂岩相。其中块状层理砾岩含量较少，其粒度概率曲线表现为多段式，斜率较低，代表分选较差 [图 6.29 (a)]。而砂岩及粉砂岩的粒度概率曲线为三段式，为典型的牵引流沉积，粒度直方图显示单峰，粒度概率曲线斜率较大，表明分选较好 [图 6.29 (b)]。

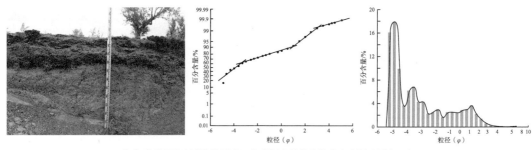

（a）扇缘径流水道块状层理、粒度概率曲线和粒度直方图（测点38）

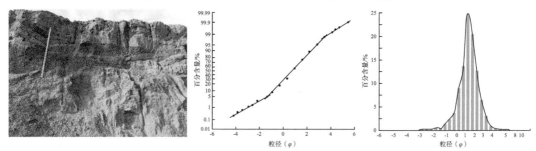

（b）扇缘径流水道砂岩、粒度概率曲线和粒度直方图（测点39）

图 6.29　扇缘径流水道沉积特征

二、扇缘湿地

扇缘湿地为扇缘中相对平坦的部位，分布范围较大，部分地区有短暂水体存在（图 6.30）。扇缘湿地沉积物较细，岩性主要为砂岩、粉砂岩、泥质粉砂岩以及泥岩等细粒沉积物（图

6.30)，内部沉积构造基本发育，但局部可见水平层理。湿地环境以其植被大量发育为典型特征，并且其发育具有周期性和季节性，因此与扇缘湖相环境存在较大差异，同时扇缘湿地的存在相较于其他沉积环境而言对扇体的演化过程影响相对最小。

（a）泥质粉砂岩（测点71）　　　　　　　（b）蓄水体泥岩（测点92）

（c）植被（测点90）　　　　　　　　　（d）粉砂质泥岩（测点36）

图 6.30　扇缘湿地沉积特征

第七章 白杨河冲积扇不同部位岩相
及微相发育特征

扇体不同部位的岩相组合类型及微相分布是形成扇体过程中沉积动力条件及沉积环境
演变的重要物质记录，是重建和反演扇体演化过程的重要信息。因此对扇体内部不同部位
出露良好的露头剖面进行岩相组合及微相分析，并统计岩相种类以及各微相所占剖面的比
例变化，进而分析扇体内部沉积特征的变化规律。

第一节 扇体不同部位岩相发育特征

一、扇根部位岩相类型及岩相组合变化

扇根部位 2 号测点剖面（图 7.1）（E84°53′54.98″；N46°23′26.60″）位于扇根出山口

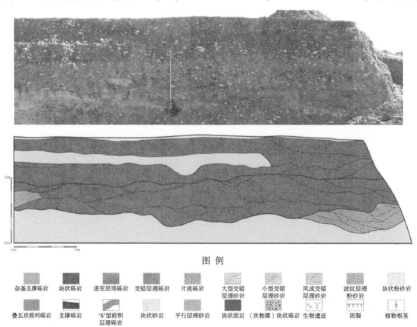

图 例

杂基支撑砾岩	块状砾岩	递变层理砾岩	交错层理砾岩	片流砾岩	大型交错层理砂岩	小型交错层理砂岩	风成交错层理砂岩	波纹层理粉砂岩	块状粉砂岩
叠瓦状排列砾岩	支撑砾岩	'S'型前积层理砾岩	块状砂岩	平行层理砂岩	块状泥岩（次物源）	块状砾岩	生物遗迹	泥裂	植物根茎

图 7.1 白杨河冲积扇扇根 2 号测点横向剖面岩相类型及组合

处，主要出露块状砾岩（Gcm）和交错层理砾岩（Gcc），并可见小规模的块状砂岩（Sm），其中块状砂岩主要分布于近地表的流沟内，代表最后一期水流沉积。经剖面统计，块状砾岩、交错层理砾岩和块状砂岩比例为0.9∶0.08∶0.02。该测点支撑砾岩（Gco）不发育。

11号测点剖面（图7.2）（E84°54′15.56″；N46°21′27.21″）距扇根出山口距离约4.51km。剖面出露良好，主要出露岩相类型为块状砾岩（Gcm）、递变层理砾岩（Gcg）、交错层理砾岩（Gcc）和片流砾岩（Gcs），在剖面上也可观测到少量的支撑砾岩（Gco）、大型交错层理砂岩（Scl）、块状砂岩（Sm）。经实测统计，主要岩相块状砾岩（Gcm）、递变层理砾岩（Gcg）、交错层理砾岩（Gcc）及片流砾岩（Gcs）出露面积比例约0.24∶0.2∶0.23∶0.25。支撑砾岩在剖面上出露较少，占整个剖面不到1%的比例。

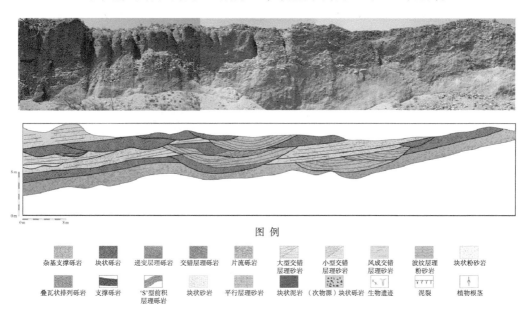

图例

杂基支撑砾岩	块状砾岩	递变层理砾岩	交错层理砾岩	片流砾岩	大型交错层理砂岩	小型交错层理砂岩	风成交错层理粉砂岩	波纹层理粉砂岩	块状粉砂岩
叠瓦状排列砾岩	支撑砾岩	'S'型前积层理砾岩	块状砂岩	平行层理砂岩	块状泥岩	（次物源）块状砾岩	生物遗迹	泥裂	植物根茎

图7.2　白杨河冲积扇扇根11号测点横向剖面岩相类型及组合

16号测点剖面（图7.3）（E84°55′14.76″；N46°19′13.60″）距扇根出山口距离约8.75km。剖面出露现象良好，主要发育的岩相类型为片流砾岩（Scs）、块状砾岩（Gcm）和交错层理砾岩（Gcc）。经实测统计，主要岩相片流砾岩（Scs）、块状砾岩（Gcm）、交错层理砾岩（Gcc）占比约0.63∶0.15∶0.20。剖面上支撑砾岩（Gco）发育，且主要分布于片流砾岩中，分布密度相对较大，占整个剖面面积的2%左右。

49号测点剖面（图7.4）（E84°52′48.21″；N46°18′19.43″）距扇根出山口距离约10.47km。经剖面观测，主要出露岩相类型有块状砾岩（Gcm）、交错层理砾岩（Gcc）以及片流砾岩（Gcs），局部可见支撑砾岩（Gco）和块状砂岩（Sm）。其中块状砂岩主要出露于剖面顶部（近地表），为地表风化沉积的细粒沉积物。经剖面实测，主要岩相块状砾岩（Gcm）、交错层理砾岩（Gcc）以及片流砾岩（Gcs）出露面积比例约0.20∶0.29∶

0.44。支撑砾岩在此处发育，且主要分布于片流砾岩中，出露面积约占整个剖面面积的2%。

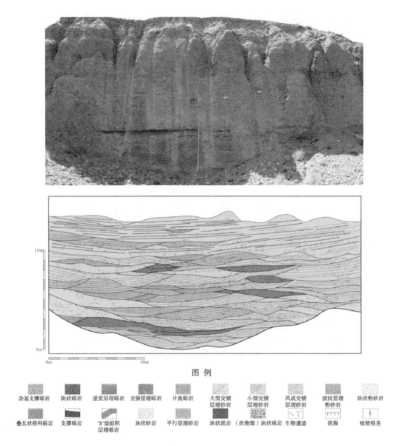

图7.3　白杨河冲积扇扇根16号测点横向剖面岩相类型及组合

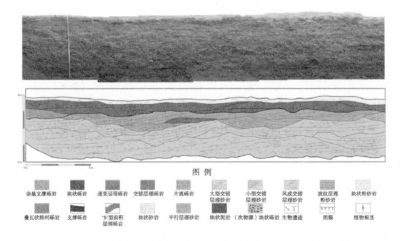

图7.4　白杨河冲积扇扇根49号测点横向剖面岩相类型及组合

17号测点剖面（图7.5）（E84°56′26.34″；N46°18′04.93″）距扇根出山口距离约11.23km。距剖面观测，剖面上主要出露的岩相类型有块状砾岩（Gcm）、交错层理砾岩（Gcc）、"S"型前积层理砾岩（Gcf）以及片流砾岩（Gcs）岩相，局部可见支撑砾岩（Gco）和小型交错层理砂岩（Scs）岩相。经野外实测，主要岩相块状砾岩（Gcm）、交错层理砾岩（Gcc）、"S"型前积层理砾岩（Gcf）以及片流砾岩（Gcs）的出露比例约0.11∶0.37∶0.10∶0.38。该测点剖面上支撑砾岩发育，但占比较小，约占剖面面积的1%。

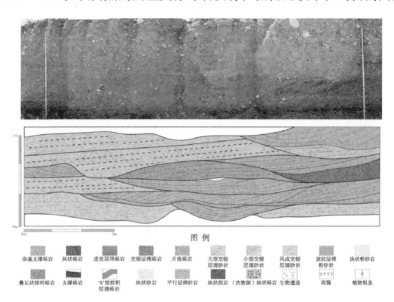

图7.5　白杨河冲积扇扇根17号测点纵向剖面岩相类型及组合

18号测点剖面（图7.6）（E84°56′44″；N46°17′35″）距扇根出山口距离约12.17km。经野外观察，剖面出露主要岩相有交错层理砾岩（Gcc）、片流砾岩（Gcs），局部出露少量的块状砾岩（Gcm）、支撑砾岩（Gco）以及块状砂岩（Sm）。经剖面实测，主要岩相交

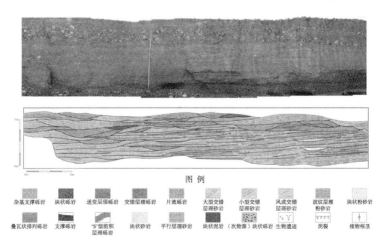

图7.6　白杨河冲积扇扇根18号测点纵向剖面岩相类型及组合

错层理砾岩（Gcc）、片流砾岩（Gcs）出露占比约0.18：0.74。该测点剖面支撑砾岩（Gco）发育，且主要发育于片流砾岩中，出露面积不到剖面总面积的1%。

二、扇中部位岩相类型及岩相组合变化

扇中部位19号测点剖面（图7.7）（E84°59′40″；N46°15′36″）距扇根出山口距离约13.93km。经野外观察，剖面上出露主要的岩相类型有块状砾岩（Gcm）、交错层理砾岩（Gcc）、片流砾岩（Gcs），并可见少量的支撑砾岩（Gco）和小型交错层理砂岩（Scs）。经实测统计，主要岩相块状砾岩（Gcm）、交错层理砾岩（Gcc）、片流砾岩（Gcs）剖面出露占比约0.10：0.36：0.49。该测点剖面支撑砾岩（Gco）发育，主要分布于片流砾岩（Gcs）中，出露总面积约占剖面总面积的2%左右。

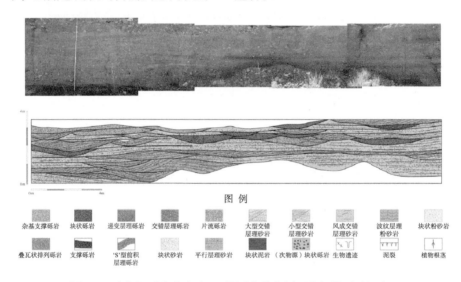

图7.7 白杨河冲积扇扇中19号测点纵向剖面岩相类型及组合

21号测点剖面（E84°59′12.99″；N46°15′54.10″）距扇根出山口距离约16.13km。该测点处的横剖面上（图7.8），经野外观测，剖面上发育的主要岩相类型为块状砾岩（Gcm）、交错层理砾岩（Gcs）以及片流砾岩（Gcs），局部发育支撑砾岩（Gco）和小型交错层理砂岩（Scs）。经实测统计，横剖面上出露的主要岩相块状砾岩（Gcm）、交错层理砾岩（Gcs）以及片流砾岩（Gcs）比例约0.09：0.57：0.30。该测点支撑砾岩（Gco）发育，且多发育于交错层理砾岩（Gcs）中，但出露面积较小，约占剖面总面积的1%。

21号测点处纵剖面上（图7.9），经野外观测，剖面上出露的主要岩相类型为块状砾岩（Gcm）、交错层理砾岩（Gcc），并出露少量的小型交错层理砂岩（Scs）。经实测统计，剖面上主要岩相块状砾岩（Gcm）、交错层理砾岩（Gcc）出露比例约0.08：0.88。

22号测点剖面（图7.10）（E84°42′49.44″；N46°16′30.41″）距扇根出山口距离约16.89km。经野外观测，剖面上出露的主要岩相类型有块状砾岩（Gcm）、交错层理砾岩（Gcc）和片流砾岩（Gcs），局部可见小型交错层理砂岩（Scs）。经实测统计，剖面上出

露主要岩相块状砾岩（Gcm）、交错层理砾岩（Gcc）和片流砾岩（Gcs）的比例约0.08：0.73：0.17。该测点剖面支撑砾岩（Gco）不发育。

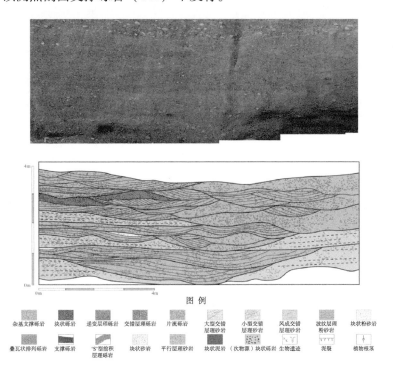

图7.8　白杨河冲积扇扇中21号测点横向剖面岩相类型及组合

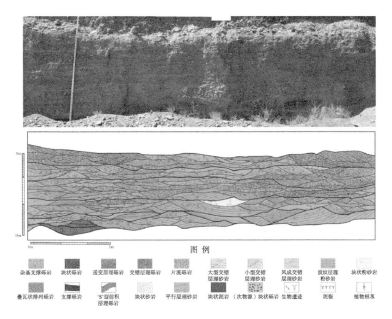

图7.9　白杨河冲积扇扇中21号测点纵向剖面岩相类型及组合

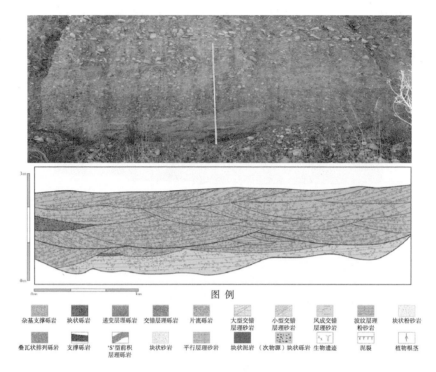

图例

杂基支撑砾岩	块状砾岩	递变层理砾岩	交错层理砾岩	片流砾岩	大型交错层理砂岩	小型交错层理砂岩	风成交错层理砂岩	波纹层理粉砂岩	块状粉砂岩
叠瓦状排列砾岩	支撑砾岩	'S'型前积层理砾岩	块状砂岩	平行层理砂岩	块状泥岩	(次物源)块状砾岩	生物遗迹	泥裂	植物根茎

图 7.10　白杨河冲积扇扇中 22 号测点纵向剖面岩相类型及组合

57 号测点剖面（图 7.11）（E84°57′26.74″；N46°15′03.22″）距扇根出山口距离约 16.84km。经野外观测，剖面上发育的主要岩相类型为块状砾岩（Gcm）、交错层理砾岩（Gcc）以及片流砾岩（Gcs），局部可见支撑砾岩（Gco）和块状砂岩（Sm）。经实测统计，剖面上主要岩相块状砾岩（Gcm）、交错层理砾岩（Gcc）以及片流砾岩（Gcs）的出露比例约 0.15：0.27：0.51。该测点支撑砾岩（Gco）发育，且主要分布于片流砾岩（Gcs）和交错层理砾岩（Gcc）中，支撑砾岩出露面积占剖面总面积的 3% 左右。

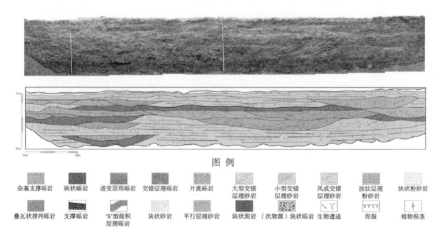

图例

杂基支撑砾岩	块状砾岩	递变层理砾岩	交错层理砾岩	片流砾岩	大型交错层理砂岩	小型交错层理砂岩	风成交错层理砂岩	波纹层理粉砂岩	块状粉砂岩
叠瓦状排列砾岩	支撑砾岩	'S'型前积层理砾岩	块状砂岩	平行层理砂岩	块状泥岩	(次物源)块状砾岩	生物遗迹	泥裂	植物根茎

图 7.11　白杨河冲积扇扇中 57 号测点横向剖面岩相类型及组合

23 号测点剖面（图 7.12）（E84°42′40.17″；N46°17′49.41″）距扇根出山口距离约 20.48km。经野外观测，剖面上发育的主要岩相类型为块状砾岩（Gcm）、交错层理砾岩（Gcc）以及片流砾岩（Gcs），局部可见支撑砾岩（Gco）和小型交错层理砂岩（Scs）。经实测统计，剖面上主要岩相块状砾岩（Gcm）、交错层理砾岩（Gcc）以及片流砾岩（Gcs）的出露比例约 0.12∶0.66∶0.15。该测点支撑砾岩（Gco）发育，且主要分布于片流砾岩（Gcs）和交错层理砾岩（Gcc）中，支撑砾岩出露面积占剖面总面积的 1% 左右。

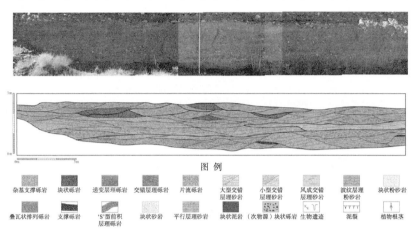

图 7.12　白杨河冲积扇中 23 号测点纵向剖面岩相类型及组合

59 号测点剖面（图 7.13）（E85°01′02.75″；N46°11′52.99″）距扇根出山口距离约 24.38km。经野外观测，剖面上发育的主要岩相类型为块状砾岩（Gcm）、交错层理砾岩（Gcc）以及片流砾岩（Gcs），局部可见支撑砾岩（Gco）和块状粉砂岩（Fm）。经实测统计，剖面上主要岩相块状砾岩（Gcm）、交错层理砾岩（Gcc）以及片流砾岩（Gcs）的出露比例约 0.21∶0.29∶0.46。该测点支撑砾岩（Gco）发育，且主要分布于片流砾岩（Gcs）和交错层理砾岩（Gcc）中，支撑砾岩出露面积占剖面总面积的 1% 左右。

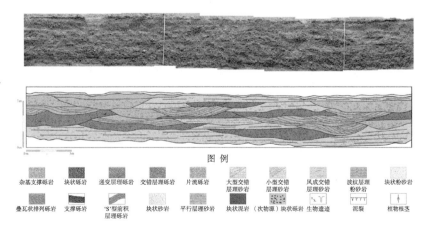

图 7.13　白杨河冲积扇中 59 号测点横向剖面岩相类型及组合

61 号测点剖面（图 7.14）（E85°01′40.07″；N46°11′47.43″）距扇根出山口距离约23.90km。经野外观测，剖面上发育的主要岩相类型为块状砾岩（Gcm）、交错层理砾岩（Gcc）以及片流砾岩（Gcs），局部可见支撑砾岩（Gco）和块状粉砂岩（Fm）。经实测统计，剖面上主要岩相块状砾岩（Gcm）、交错层理砾岩（Gcc）以及片流砾岩（Gcs）的出露比例约 0.11∶0.32∶0.53。该测点支撑砾岩（Gco）发育，且主要分布于片流砾岩（Gcs）中，支撑砾岩出露面积占剖面总面积的 1% 左右。

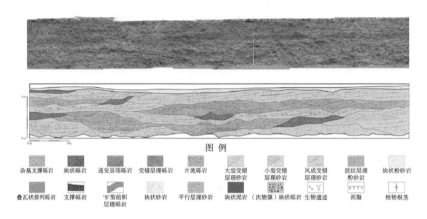

图 7.14　白杨河冲积扇扇中 61 号测点横向剖面岩相类型及组合

66 号测点剖面（图 7.15）（E85°01′02.75″；N46°11′52.99″）距扇根出山口距离约26.43km。经野外观测，剖面上发育的主要岩相类型为块状砾岩（Gcm）、交错层理砾岩（Gcc）、大型交错层理砂岩（Scl）以及小型交错层理砂岩（Scs），局部可见支撑砾岩（Gco）和块状砂岩（Sm）。经实测统计，剖面上主要岩相块状砾岩（Gcm）、交错层理砾岩（Gcc）、大型交错层理砂岩（Scl）以及小型交错层理砂岩（Scs）的出露比例约0.46∶0.33∶0.09∶0.05。该测点支撑砾岩（Gco）发育，且主要分布于交错层理砾岩（Gcc）中，支撑砾岩出露面积较小，占剖面总面积的 1% 左右。

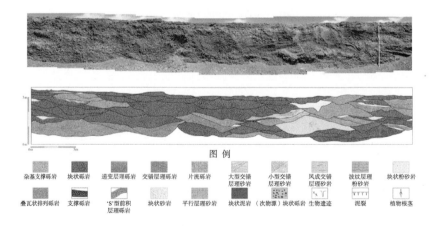

图 7.15　白杨河冲积扇扇中 66 号测点横向剖面岩相类型及组合

44 号测点剖面（图 7.16）（E84°42′40.17″；N46°17′49.41″）距扇根出山口距离约 19.28km。经野外观测，剖面上发育的主要岩相类型为块状砾岩（Gcm）、交错层理砾岩（Gcc）、片流砾岩（Gcs）以及块状砂岩（Sm），局部可见支撑砾岩（Gco）、块状粉砂岩（Fm）以及块状泥岩（M）。经实测统计，剖面上主要岩相块状砾岩（Gcm）、交错层理砾岩（Gcc）、片流砾岩（Gcs）以及块状砂岩（Sm）的出露比例约 0.08∶0.66∶0.12∶0.05。该测点支撑砾岩（Gco）发育，且主要分布于交错层理砾岩（Gcc）中，支撑砾岩出露面积占剖面总面积的 4% 左右。

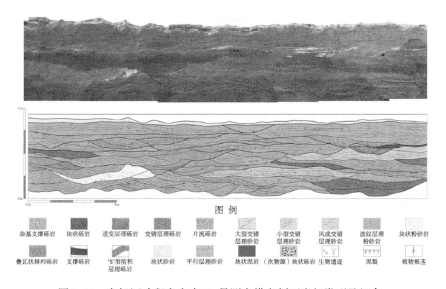

图 7.16　白杨河冲积扇扇中 44 号测点横向剖面岩相类型及组合

三、扇缘部位岩相类型及岩相组合变化

扇缘区域出露岩相主要以块状泥岩（M）为主，并可见少量的砂质或者砾质沉积。其中块状泥岩等细粒沉积为主要为扇缘湿地（图 7.17）内的沉积物。同时扇缘湿地内发育有粒度相对较粗的径流水道沉积（图 7.18），径流水道沉积规模较为多变，河道内部沉积物多为砂级或砾级。

图 7.17　白杨河冲积扇扇缘湿地沉积特征（测点 67）

图 7.18　白杨河冲积扇扇缘径流水道剖面及地表沉积特征（测点 75）

四、扇体不同部位岩相组合差异及比例变化

整体上，在扇体的不同部位，岩相类型及组合存在较大差异（表 7.1），但整个白杨河冲积扇各部位均以砾岩岩相为主。

表 7.1　白杨河冲积扇不同部位岩相发育比例数据

点位	扇根				扇中				扇缘
	71、2	11	16	49、17	18、19	57、21、22	23、61、59	44、66	89、66、69
杂基支撑砾岩	0.45	—	—	—	—	—	—	—	—
块状砾岩	0.45	0.24	0.15	0.155	0.07	0.1	0.1467	0.27	0.1
递变层理砾岩	—	0.2	—	—	—	—	—	—	—
交错层理砾岩	0.04	0.23	0.2	0.33	0.27	0.6125	0.4233	0.495	0.1
韵律砾岩	0.045	0.25	0.63	0.41	0.615	0.245	0.38	0.06	—
叠瓦状排列砾岩	—	—	—	—	—	—	—	—	—
支撑砾岩	0.05	0.02	0.02	0.02	0.015	0.01	0.02	0.025	—
"S"型前积层理砾岩	—	—	—	0.05	—	—	—	—	—
块状砂岩	0.01	0.01	—	0.025	0.015	0.01	—	0.055	—
平行层理砂岩	—	—	—	—	—	—	—	—	—
大型交错层理砂岩	—	0.04	—	—	—	—	—	0.045	—

点　位	扇　根				扇　中				扇　缘
	71、2	11	16	49、17	18、19	57、21、22	23、61、59	44、66	89、66、69
小型交错层理砂岩	—	—	—	0.01	0.015	0.0225	0.01	0.025	—
风成交错层理砂岩	—	—	—	—	—	—	—	—	—
波纹交错层理粉砂岩	—	—	—	—	—	—	—	—	—
块状粉砂岩	—	—	—	—	—	—	—	0.02	0.015	—
块状泥岩	—	0.01	—	—	—	—	—	0.01	0.5

从扇根区域各位置处岩相组合柱状图（图7.19）可以看出，扇根靠近出山口处（扇根内带），岩相类型以杂基支撑砾岩（Gmm）、块状砾岩（Gcm）和交错层理砾岩（Gcc）为主，其中杂基支撑砾岩（Gmm）和块状砾岩（Gcm）所占比例较大；扇根靠近扇中区域（扇根外带），岩相类型逐渐过渡为以片流砾岩（Gcs）、块状砾岩（Gcm）和交错层理砾岩（Gcc）为主，并出露少量的叠瓦状排列砾岩（Gci）和大型交错层理砂岩（Scs）。

从扇中内带区域各位置处岩相组合柱状图（图7.20）可以看出，邻近扇根的区域岩相类型以片流砾岩（Gcs）、交错层理砾岩（Gcc）、块状砾岩（Gcm）为主，并可见少量的小型交错层理砂岩（Scs）以及块状砂岩（Sm）；邻近扇缘的区域片流砾岩（Gcs）所占比例明显减少，岩相类型主要以块状砾岩（Gcm）、交错层理砾岩（Gcc）为主，并可见少量的块状粉砂岩（Fm）。

从扇中外带区域各位置处岩相组合柱状图（图7.21）可以看出，邻近扇根的区域岩相类型主要以交错层理砾岩（Gcc）、块状砾岩（Gcm）为主，并可见少量的块状砂岩（Sm）和块状粉砂岩（Fm）；邻近扇缘的区域，块状砾岩（Gcm）的占比明显较少，出露岩相类型以交错层理砾岩（Gcc）为主，并可见大型交错层理砂岩（Scl）、泥岩（M）和小型交错层理砂岩（Scs）。

扇缘部位则以湿地细粒沉积岩相为主。

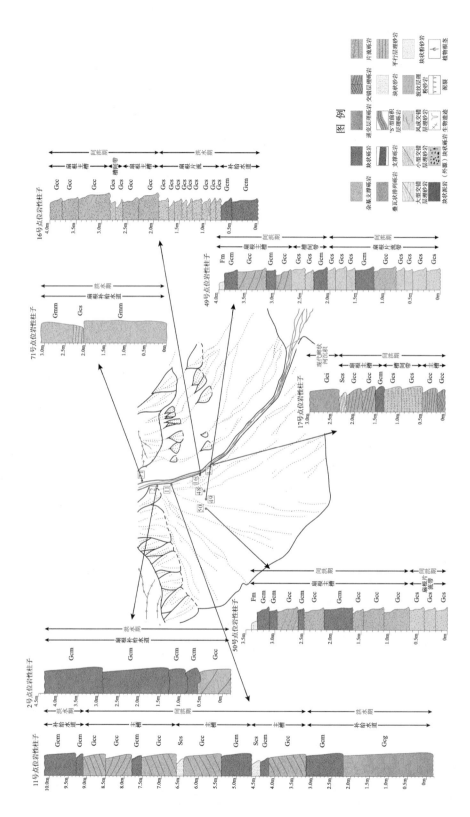

图7.19　扇根区域岩相柱子分布

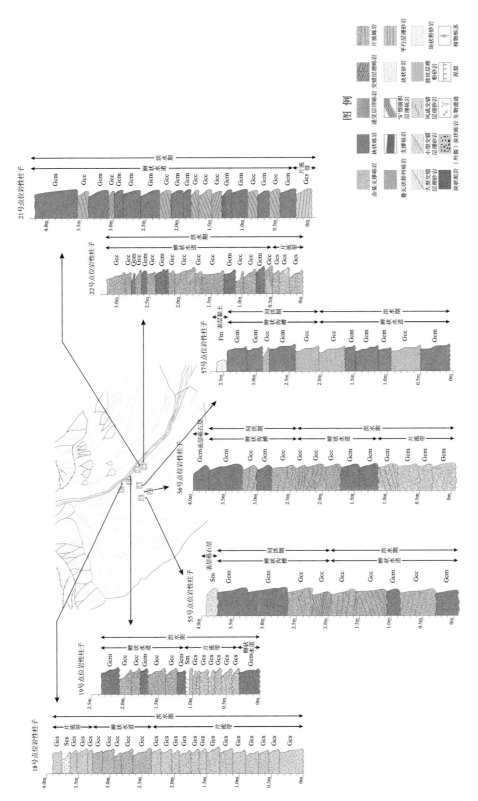

图7.20　扇中内带区域岩相柱子分布图

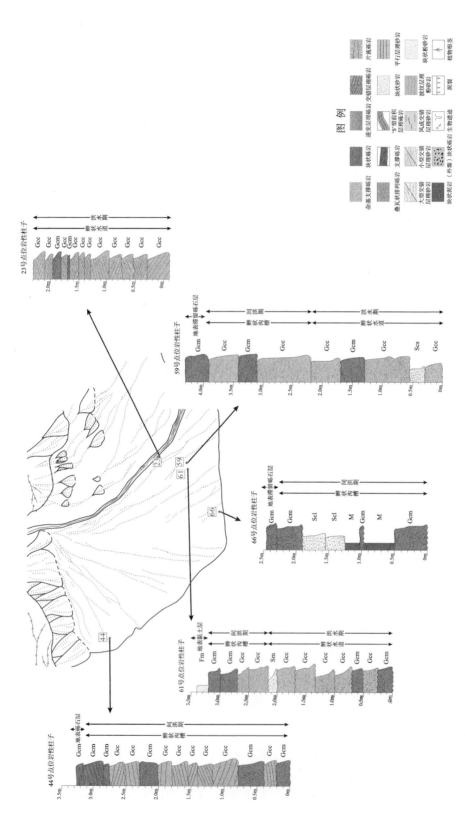

图7.21 扇中外带区域岩相柱子分布图

为更全面地分析岩相类型的变化，统计各测点岩相比例（表7.1），并绘制岩相类型随距离变化趋势图（图7.22）。从图7.22上可以看出，按照岩相出露比例和出露频率，可划分为四种类型的岩相。第一类的岩相出露比例较大，且出露频率很高，是扇体形成的主要岩相类型，例如片流砾岩岩相（Gcs）、交错层理砾岩岩相（Gcc）、块状砾岩（Gcm）；第二类岩相只在局部发育，但在局部地区岩相所占比例很大，例如杂基支撑砾岩（Gmm）岩相只发育于扇根内侧区域，递变层理砾岩（Gcg）同样只在扇根区域出露；第三类岩相出露频率很高，但在剖面上占比很小，例如支撑砾岩（Gco）岩相；第四类岩相出露频率不高，在剖面上占比也较小，例如块状泥岩（M）只局限的出露于扇根和扇中区域。

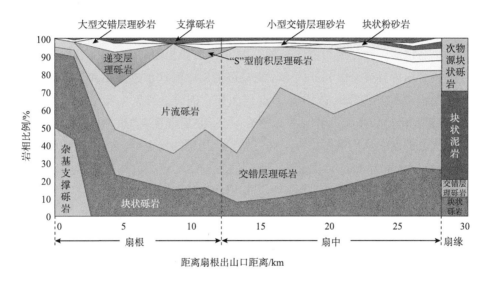

图7.22 白杨河冲积扇不同部位发育各岩相相对比重大小

第二节 扇体不同部位沉积微相发育特征

一、扇根部位沉积微相发育特征

扇根区域主要发育扇根补给水道微相、扇根片流带微相、扇根主槽微相、扇根槽间带微相。如图7.23所示，距离扇根出山口距离不同，相带的展布规律也存在差异。在位于扇根出山口处的2号测点，剖面上主要发育扇根补给水道微相，局部发育扇根主槽微相；距扇根出山口4.51km的11号测点，剖面底部主要发育大套补给水道微相，向上发育具有明显河道形态特征的扇根主槽微相以及扇根片流带微相，各相带间相互切割叠覆，之间没有明显的边界；距扇根出山口8.75km的16号测点，剖面上主要发育大套的扇根片流带，其中扇中片流带内部分发育具"顶平底凸"形态的扇根补给水道微相；距扇根出山口10.45km的49号测点，剖面上同样发育有大套扇根片流带，片流带内发育具有河道形态的扇根补给水道；距出山口11.23km位置的17号测点，剖面上片流带所占比例明显减少，扇根主槽微相所占比例明显增加。

二、扇中部位沉积微相发育特征

扇中区域主要发育的微相类型有洪水期的扇中片流带微相、扇中辫状水道微相，间洪期的扇中辫状水道微相、扇中槽间带微相，并依据剖面上各微相出露比例的变化，将扇中区域划分为扇中内带和扇中外带，其中扇中内带剖面上发育有大套扇中片流带微相，而扇中外带剖面上则多发育扇中辫状水道和扇中辫状沟槽微相，少见扇中片流带微相分布。

在扇中内带区域，微相展布特征如图7.24所示，距出山口距离12.17km的18号测点剖面上主要发育扇中片流带微相，内部发育局限的扇中辫状水道微相和极少的扇中辫状沟槽微相；距扇根距离13.93km的19号测点剖面处，剖面上可见大套扇中片流带微相和扇中辫状水道/辫状沟槽微相，二者所占比例约1:1；距扇根距离16.84km的57号测点，剖面上仍可见大套的扇中片流带微相，同样可见较大比例的扇中辫状沟槽微相和扇中辫状水道微相；距扇根16.83km的21号测点，可见剖面主要发育层理特征明显的扇中辫状沟槽微相，以及极小比例的扇中片流带微相和扇中辫状水道微相。

在扇中外带区域，剖面上微相展布特征如图7.25所示，距扇根19.28km的44号测点，剖面上发育有大套的扇中辫状沟槽微相以及比例很小的扇中片流带微相和扇中辫状水道微相，说明该测点在间洪期受到了水流的改造；距扇根距离20.45km的23号测点，剖面上主要发育扇中辫流带微相和扇中辫状沟槽微相，局部发育扇中片流带微相；距扇根距离23.90km的61号测点，剖面上可见大面积发育的扇中片流带微相和扇中辫状水道微相，以及小比例的扇中辫状沟槽微相；距扇根距离24.38km的59号测点，剖面上以扇中片流带微相为主（约占50%），同时也可见具河道形态的扇中辫状水道微相（30%）和扇中辫状沟槽微相（20%）；具扇根出山口26.43km的66号测点剖面，剖面上主要分布扇中辫状沟槽微相和扇中辫状水道微相，极少见扇中片流带微相，该剖面上扇中辫状水道微相分布比例较大（可达60%），可知在此处未经间洪期水流改造。

扇中区域各测点处微相变化趋势并非那么"理论化"，由此可见扇上水动力条件的复杂性和扇上各期次扇体叠置关系的复杂性。

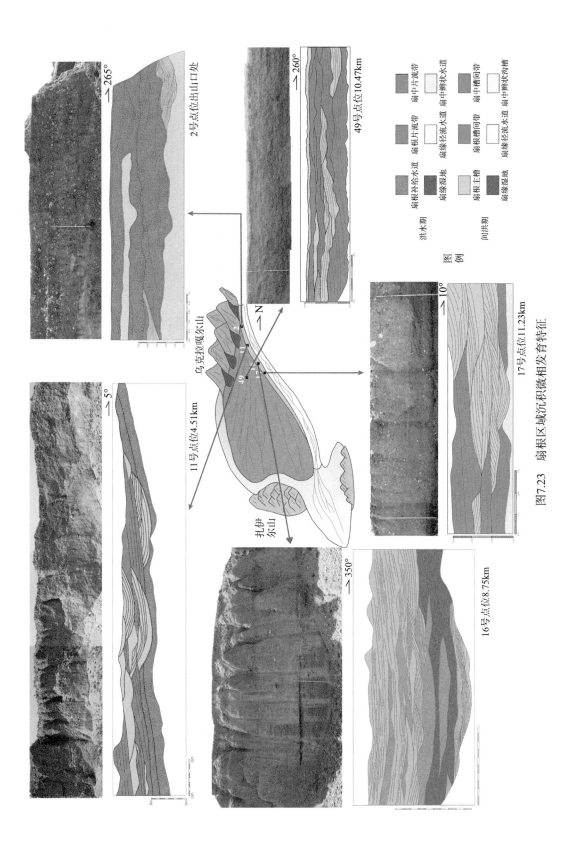

图7.23 扇根区域沉积微相发育特征

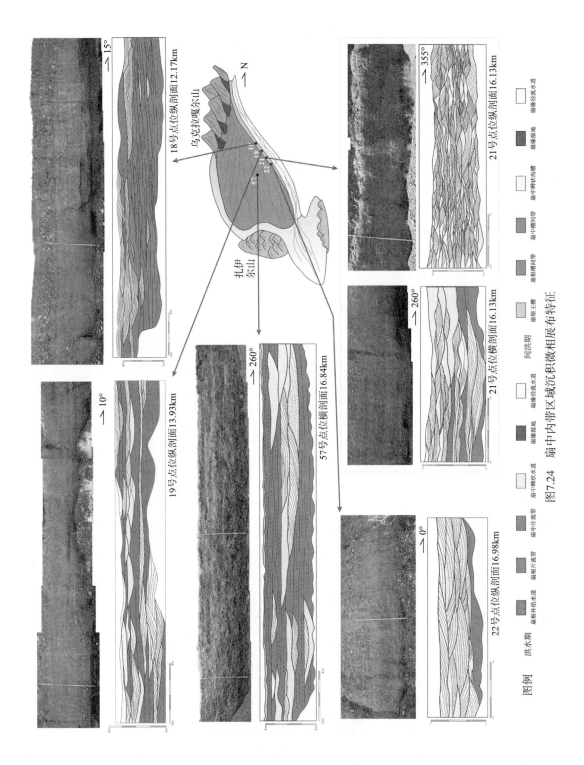

图7.24　扇中内带区微沉积相展布特征

图例

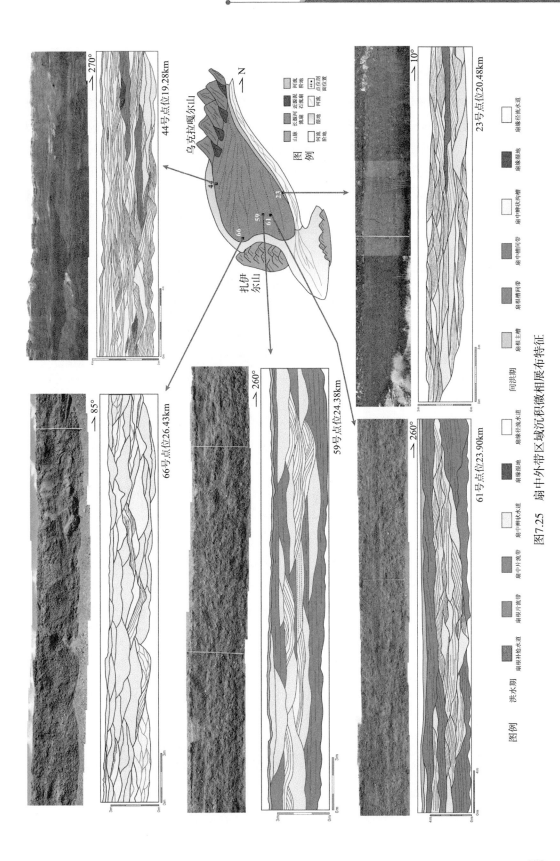

图7.25　扇中外带区域沉积微相展布特征

三、扇缘部位沉积微相发育特征

白杨河冲积扇的扇缘区域由于受到南侧扎伊尔山体的空间限制，在卫星图上显示为扇体周围狭窄的黄色环边，通过分析近扇缘区的单井取芯资料（图7.26），对扇缘湿地微相规模进行研究。在89号测点处的取芯资料可见，扇缘粉砂岩、泥岩厚度约70m厚。而扇缘湿地微相平面展布范围可达数公里，扇缘湿地内局部存在扇缘径流水道沉积。扇缘地区

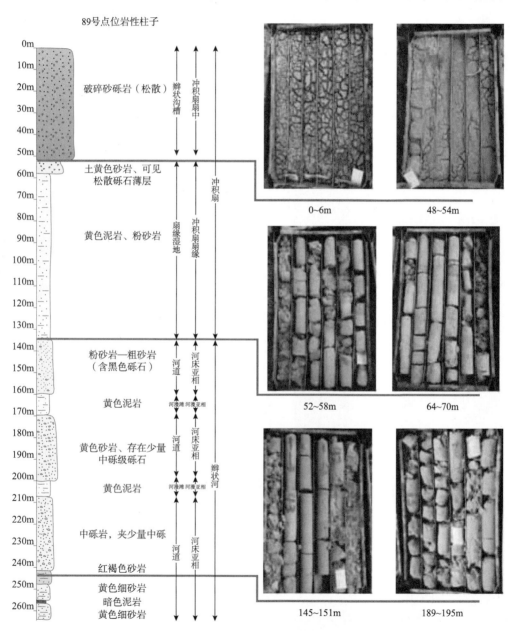

图 7.26　白杨河冲积扇近扇缘位置钻井取芯岩相及微相特征（测点89）

地表植被发育，主要沉积细粒沉积物，沉积的细粒沉积物主要是季节性雨水携带的扇上细粒沉积物，在扇缘蓄水区域沉降并逐渐形成厚层的细粒沉积层。

综合前述各剖面的岩相及微相分析及识别，并对扇体不同部位剖面发育的各微相所占相对比重进行统计（表7.2），进而整体分析扇体不同部位的微相发育规律（图7.27）。总体而言，在扇根区带内补给水道微相所占比例逐渐减少，扇根片流带（扇根槽间带）和主槽微相所占比例增加；扇中区带内辫状水道微相比例先增后减，扇中片流带微相所占比例逐渐减少，扇中辫状沟槽所占比例逐渐增大，在扇中与扇缘过渡区域，基本上以辫状沟槽微相和辫状水道微相为主；扇缘区域以湿地微相为主，含少量径流水道微相（图7.27）。

表 7.2　白杨河冲积扇不同部位微相发育比例数据

亚相	距出山口距离/km	测量剖面测点	扇根微相				扇中微相			扇缘	
			补给水道/%	扇根片流带/扇根槽间带/%	主槽/%	辫状水道/%	扇中片流带/扇中槽间带/%	扇中辫状沟槽/%	湿地/%	径流水道/%
扇根	0 ~ 2.74	71、2	85	5	10	—	—	—		
	4.51	11	30	35	35	—	—	—		
	8.75	16	3	65	32	—	—	—		
	10.47 ~ 11.23	49、17、18	0	61.67	38.33	—	—	—		
扇中	12.17 ~ 13.93	19	—	—	—	20	52	28		
	16.13 ~ 16.89	57、21、22	—	—	—	30	40	30		
	20.48 ~ 24.38	23、61、59	—	—	—	38.33	38.33	23.33		
	26.43	44、66	—	—	—	36	6.5	57.5		
扇缘	>28	65、36、90	—	—	—	—	—	—	90	10

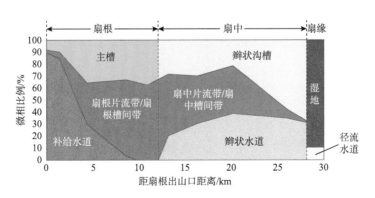

图 7.27　白杨河冲积扇不同部位微相发育比例

第八章　白杨河冲积扇沉积模式及沉积演化过程

整个白杨河冲积扇以粗粒碎屑建造为主，而在大多数情况下，尤其是在干旱气候条件下扇体的建造往往与阵发性及灾难性的大洪水事件有关，而在洪水过程的不同阶段扇体的建造或沉积机制常存在相当大的差异。因此，在冲积扇沉积模式的建立中需要引入时间尺度的概念。据此，本次研究在白杨河冲积扇沉积特征分析的基础上，将扇体发育过程划分为洪水期及间洪期两个阶段进行冲积扇沉积模式的建立，并探讨其发育过程。

第一节　洪水期沉积模式

洪水期为整个洪水过程中水动力条件最强的时期，水体流量及其所携带的沉积物数量及碎屑颗粒粒度也达到峰值，并且沉积速率也相对最快，是冲积扇最主要的建造时期。扇体各部位微相变化主要受控于洪水水动力条件在空间上的变化，其次受控于沉积时的古地貌因素。扇体可划分为沉积活跃区和沉积非活跃区，主要的沉积微相类型为扇根补给水道微相（含局部山前重力流沉积物）、扇根片流带微相（图8.1）。

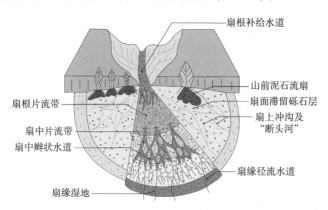

图 8.1　白杨河冲积扇洪水期沉积模式

扇根处水动力最强，且受控于出山口地形条件的限制，形成具水道形态的块状砾岩，杂基支撑砾岩等岩相，即扇根补给水道微相；出山口后，水体仍具有较高水动力，但由于没有了地貌限制，可形成大面积（扇形撒开）的扇根片流带微相以及扇中片流带微相，片流带中沉积物较为"杂乱"，杂基含量较高，沉积物内部可形成具层理构造的砾岩岩相，但多见递变层理以及块状层理砾岩，这反映水携沉积物快速卸载沉积的过程；在扇中外带，由于可容空间增加和水体能量的减弱，水流逐渐下切形成辫状水道，即形成辫状水道微相，该相带剖面上可见多期水道叠加切割，沉积体内部多发育交错层理砾岩以及交错层理砂岩岩相，为牵引流为主的水道沉积物，在扇中外带可发育呈环带展布的辫流带。扇缘区域由于距离出山口较远，水流水动力很弱，常形成扇缘蓄水体，沉积物以细粒物质为主，形成扇缘湿地微相。

具体而言，扇根部位由于两侧扇体的限制以及山前沟槽的限制，水携沉积物迅速卸载充填沟道，形成具河道充填特征的补给水道沉积。随后由于河道可容空间逐渐降低，洪水不断漫溢沟槽，形成非限制河道沉积物——片流沉积物，在扇根区域因存在满足片流形成所需的地貌条件和水动力条件，因此易形成大套厚层的扇根片流沉积物。扇根片流带在纵剖面上可见各期次粒序变化，但各期次间界面难以追踪和对比。总的来说，洪水期扇根区域由补给水道微相逐渐向片流带微相转变，相带发育位置受水动力和地貌因素的控制，因此各期次的发育位置也不相同［图8.2（a）］。

扇中区域洪水期主要发育扇中片流带微相和扇中辫状水道微相。扇中片流带不同于扇根片流带，扇中片流带受地貌因素的影响强于扇根片流带，水流汇聚作用可形成一定比例河道沉积，这也与扇中区域水动力逐渐衰弱有关，并且扇中的片流不能形成大范围发育，在局部受控于地貌。向扇缘方向，随着水流水动力条件减弱，坡度减缓，水流在地貌的影响下逐渐汇聚下切形成辫状水道带（Weissmann 等，2015），即扇中辫状水道沉积相带。扇中辫状水道类似辫状河沉积，水道内砂坝和砂岛逐渐迁移，在剖面上可见坝体的前积叠覆和各期河道相互切叠的现象。由于洪水期辫状水道内水动力条件较强，沉积物内沉积构造特征不显著，常见块状层理和递变层理等表示较强水动力条件沉积构造。在扇中辫状水道相带内，局部同样可以发育片流沉积物，但规模有限［图8.2（b）］。

在扇中位置露头剖面上极少见到大范围漫洪细粒沉积物，大致有以下三方面原因：①扇中辫状河道频繁改道，细粒漫洪沉积物即使形成也会受到后期河道剥蚀改造，不易保存；②由于扇体处于干旱—半干旱的气候背景下，扇上植被不发育，不能有效地固定河道和发育成土作用（Went，2005），这就进一步促进了河道的频繁改道；③冲积扇源岩类型多为火山岩和变质岩，风化产物细粒物质匮乏，因此扇内细粒漫洪沉积物不发育。

洪水期扇缘区域主要发育扇缘湿地和扇缘径流水道两个沉积微环境，在洪水期扇中外带（毗邻扇缘区域）主要发育扇中辫状水道微相，此区域内水流水动力持续降低，辫状水道规模逐渐减小，沉积物粒度减小，层理构造类型增加。在辫状水道流入扇缘湿地区域（即为河道的末端区域），由于河道海拔低于区域基准面而难以下切，河道在此处撒开分支并逐渐消亡，形成扇缘湿地和扇缘蓄水沉积区（Juan，1993）。洪水期在扇缘水流流量较大的区域，水道可继续发育形成低宽深比的径流水道。在扇缘区域，径流水道发育比例很小，而扇缘湿地发育比例很大，扇缘湿地沉积物主要为泥岩、粉砂岩等细粒沉积物，并且

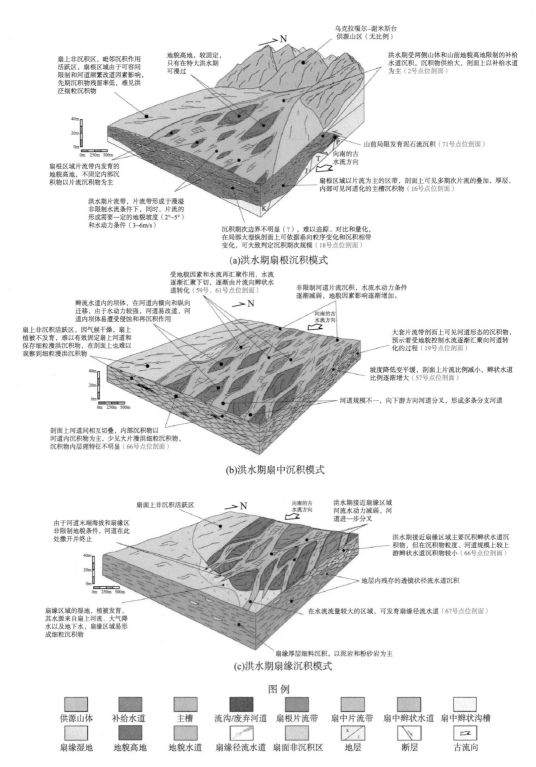

图8.2　白杨河冲积扇洪水期各部位沉积模式及沉积特征

植被发育［图8.2（c）］。扇缘湿地之所以能沉积大套厚层的细粒沉积物并发育植被，原因有以下三点：①扇上流水在扇缘形成扇缘蓄水体，细粒物质沉降；②大气降水冲刷扇面的细粒沉积物在扇缘汇聚沉降；③扇缘海拔低于区域地下水位线，使得该扇缘区域较为湿润，植被发育（Cain，2009）。

第二节　间洪期沉积模式

间洪期整个扇体演化进入逐渐衰退阶段，洪水水动力条件、水流流量及沉积物负载量、碎屑沉积物粒度逐渐减小，并且水流能够覆盖的扇面范围也大为缩小（图8.3）。间洪期的沉积作用主要是以改造先期的洪水期沉积物为主，并且沉积演化主要受控于古地貌，其次受控于水动力条件。

间洪期的沉积作用主要是以改造先期的洪水期沉积物为主。在扇根区域，水流受古地貌限制，将一定范围内先期的补给水道沉积和片流带沉积逐渐改造为辫状河流内的沉积物，即形成扇根主槽微相，主槽间未被改造的"高地"即为槽间带微相；在扇中区域，水流将先期的扇中片流以及扇中辫流带沉积物改造再沉积，间洪

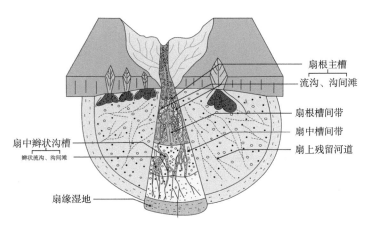

图8.3　白杨河冲积扇间洪期沉积模式

期的辫状沟槽沉积物与洪水期的辫状水道沉积物较难区分，但间洪期的辫状沟槽沉积往往河道形态较小，粒间杂基含量也相对较少，沉积物内部层理构造明显。间洪期水动力较弱，并且扇体的渗滤作用以及干旱气候背景下的高蒸发速率也会抑制间洪期沉积物的搬运，因此间洪期的沉积物往往极少到达扇缘。

具体而言，扇根部位间洪期主要发育主槽微相和槽间带两种沉积相带，在主槽微相里又可发育水道和流沟（包含废弃河道）等次级沉积环境。在间洪期地貌因素为主控因素，水流强度减弱，河流主要发育于主槽内，而主槽间或主槽两侧地貌高地为槽间带沉积环境，槽间带内沉积物多由洪水期的沉积物组成。在间洪期由于水流流量骤降，发育废弃河道沉积和小型流沟沉积。在野外露头剖面上，可见主槽微相常与补给水道微相伴生并发育于补给水道微相顶部，呈"透镜状"分布于扇根片流带微相内。总而言之，主槽微相是间洪期水流对扇根区域沉积物流水改造作用的产物，沉积特征与河流相似［图8.4（a）］。

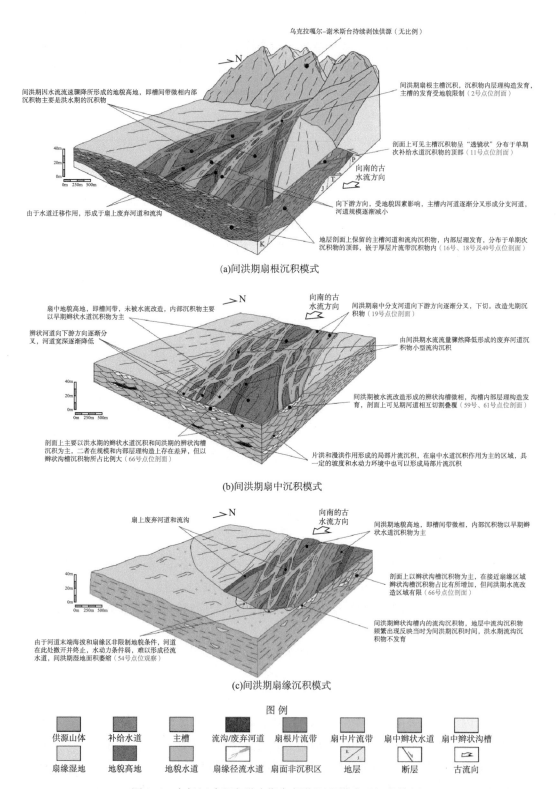

图8.4　白杨河冲积扇洪水期各部位沉积模式及沉积特征

间洪期扇中主要发育辫状沟槽、槽间带两种沉积微相，其中辫状沟槽微环境内部可发育河道和流沟两类次一级沉积微环境。间洪期水流作用弱，水流主要发育于先期的辫状水道带内，并逐步改造地貌和先期沉积物。水道间或水道两侧未被水流改造的地貌高地即为槽间带沉积环境，槽间带内沉积物以先期的辫状水道沉积物和片流沉积物为主。扇中辫状沟槽水道向下游方向逐渐分叉，水道规模和水流强度进一步减弱，层理构造进一步发育，沉积物砂泥含量增加。在剖面上，辫状沟槽内河道沉积体内边界明显，层理类型较辫状水道发育，常与辫状水道微相伴生［图 8.4（b）］。

间洪期扇缘区域主要发育扇缘湿地沉积微环境，由于间洪期水流较小，在扇缘区域难以形成径流水道。在扇中外带（毗邻扇缘区域）水流强度减弱，水道规模进一步减小，发育废弃河道（或流沟沉积）。由于扇缘区域地貌平坦，水流下切作用微弱，河道无地貌限制，在此处溢散终止并形成扇缘湿地（Juan 等，1993），在间洪期扇缘湿地的规模远小于洪水期扇缘湿地的规模［图 8.4（c）］。在地层中，间洪期的沉积物常见废弃河道/流沟沉积物，洪水期的沉积物则少见废弃河道/流沟沉积物，由此可见，流沟沉积物的存在可指示洪水事件的间期，即间洪期沉积时期。

第三节　扇体沉积构型单元划分

沉积构型是指不同级次的储层构成单元的形态、规模及叠置关系。以白杨河冲积扇为例，其构型单元可划分为 7 个级次（表 8.1）。

表 8.1　冲积扇构型单元级次划分

构型级别	构型单元	时间规模/a	沉积规模
0 级	纹层	10^{-6}	脉动水流
1 级	层系级层组	$10^{-5} \sim 10^{-4}$	底型迁移
2 级	单一岩相	$10^{-2} \sim 10^{-1}$	底型迁移
3 级	岩相组及微微相（流沟、沟间滩等）	$10^{0} \sim 10^{1}$	单一沉积流体环境
4 级	各沉积微相单元	$10^{2} \sim 10^{3}$	单个扇体内部
5 级	冲积扇内单期沉积	$10^{3} \sim 10^{4}$	单期洪水期或间洪期
6 级	冲积扇	$10^{5} \sim 10^{6}$	单个扇体演化
7 级	冲积扇扇群	$10^{5} \sim 10^{6}$	山前多个冲积扇体

针对整个冲积扇沉积体系而言，最大的 7 级构型单元为整个山前连片发育的冲积扇群，而其内部的每个扇体为 6 级构型单元，一般冲积扇群及其内部扇体的演化过程和地貌形态受控于区域构造及气候变化。但就单一扇体而言，内部可进一步区分为洪水期及间洪期形成的两个期次的 5 级构型单元。洪水期形成的 5 级构型单元内部可区分出补给水道沉

积、片流沉积、辫状水道沉积、径流水道沉积 4 个 4 级构型单元。间洪期成的 5 级构型单元内部可区分出主槽沉积、槽间带沉积、辫状沟槽沉积 3 个 4 级构型单元。3 级构型单元主要为各 4 级构型单元内部的不同岩相组合或微相（如主槽和辫状沟槽内部的流沟及沟间滩）。2 级构型单元为不同的岩相类型，1 级构型单元为各岩相内部的层系及层组，而级次最小的构型单元为岩相内部的纹层。

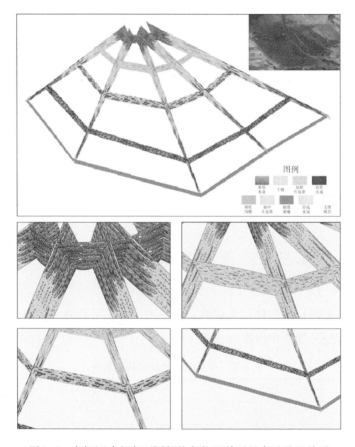

图 8.5　白杨河冲积扇不同部位各构型单元组合及叠置关系

就白杨河冲积扇而言，在扇根内带主要发育洪水期补给水道和间洪期主槽两类 4 级构型单元，并呈垂向相互叠置切割关系。在扇根外带主要发育主槽和片流沉积两个 4 级构型单元，并以片流沉积为主，主槽沉积呈夹层状分布于片流沉积内部，但主槽可孤立态存在，也可呈叠置状相互切割。扇中部位发育的构型单元较多，主要包括片流沉积、辫状水道及辫状沟槽三个 4 级构型单元。其中片流沉积向下游方向所占比例逐渐减小，而辫状水道比例增大。辫状水道多呈相互叠置状态存在，而辫状沟槽可呈孤立状也可呈叠置状出现。特别的是，辫状沟槽可侵蚀改造辫状水道及片流沉积。扇缘部位，主要发育径流水道及小型辫状沟槽两个 4 级构型单元，并且这两类构型单元多呈孤立状存在于细粒湿地沉积内部。

第九章　优质储层岩相类型及分布规律

六十多年的勘探成果表明，准噶尔盆地西北缘主要油气储集体沉积成因为二叠系及三叠系的冲积扇、扇三角洲、水下扇等粗碎屑沉积环境。特别是三叠系百口泉组和克拉玛依组冲积扇相砂砾岩油藏规模最大，而成为国内外最具代表性的大型冲积扇相油气藏。冲积扇砂砾岩体作为一类重要的油气储集体类型具有岩相粒度粗、微相空间变化快且极其复杂、储层非均质性强的特点。相较于埋藏成岩作用造成其内部储层质量的差异，冲积扇原始沉积条件的变化对其内部优质储层的成因及分布具有更为直接的控制作用。

总体而言，由于冲积扇往往是由阵发性洪水事件沉积而成，因此所形成的砂砾岩储层由于其沉积物负载量大且沉积速率较快，储层分选差—极差，因此造成储层原始物性较差且非均质性极强。由于其内部各微相形成的沉积搬运条件不同，因此不同微相间的原始储集物性仍存在较大差异。以白杨河冲积扇为例，尽管整个扇体以砾质沉积为主，但其内部原始优质储层岩相类型可区分为两类，即支撑砾岩相和各类砂岩相。

第一节　支撑砾岩相优质储层特征及分布规律

支撑砾岩相为颗粒支撑结构，分选中等到较好，尽管沉积规模较为有限，但其内部大砾石间基本无细粒填隙物出现，孔隙极其发育（图9.1），如后期埋藏演化阶段未被或未完全被胶结物充填，则孔隙可大部分保留，因此可作为一类典型的高孔高渗优质储层类型。

图 9.1　支撑砾岩野外照片（测点 44）

一、支撑砾岩形成机理

1. 片流沉积底部支撑砾岩

片流砾岩底部支撑砾岩伴随着片流砾岩而形成，前文已述片流流体条件的形成需要一定的条件，而片流底部的支撑砾岩形成则需要在此基础之上满足片流内部所负载的砾石含量较大且砾石多呈扁平状或砾径相对较大的条件才能形成。

这一产出状态的支撑砾岩形成机理为：片流形成的水动力条件较强，即流体弗洛德数 Fr 达到 1.4 ~ 2.8 之间才可形成。在演化初始阶段，片流内部会产生驻波（图 1.23A），一次驻波会产生一系列的的逆行沙丘。下一次驻波形成的逆行沙丘侵蚀覆盖在前期逆行沙丘至上（图 1.23B）。驻波在不断的向下迁移过程中，振幅逐渐增大，波长加大，使驻波变得越来越陡峭，其水动力开始不稳定，开始侵蚀底部逆行沙丘，除了底部的大砾石外，其余沉积物均被驻波冲刷起来，使其处于悬浮状态（图 1.23C），遗留底部杂基含量较少的砾石层。之后驻波被随后下一次的驻波冲破打碎，并融入其中，一起向下游流动（图 1.23D），在下方再次循环驻波能量增强破碎。遗留砾石层出上部水流慢慢减弱，其悬浮沉积开始沉降堆积在先期底部遗留的滞留砾石层上，使得杂基较少的粗粒砾石层得到较好的保存形成支撑砾岩。

2. 沟槽及河道底部支撑砾岩

洪水期流体携带大量沉积物流出出山口开始发散形成近扇状的沉积体。洪水期过后，携带沉积物较少的涓涓细流开始冲刷、改造先期沉积物，使得先期沉积物内部砂泥等细粒沉积物被流水带走，遗留物性较好的底部滞留砾石层。一段时间过后，物缘区由于受到各种因素的作用，再次形成洪水，洪水携带大量砾石、砂泥等沉积物快速沉积在之前物性较好的底部滞留砾石层之上，使其得到良好的保存，从而形成支撑砾岩（图 9.2）。

●碎屑沉积物快速堆积　　　●砾石间富含大量细粒充填物

(a)阶段A：早期碎屑沉积物沉积

●对较细粒级组分簸选带走　　　●粗粒级砾石原地残留并被水流重新排列

(b)阶段B：清水流体簸选

●残留粗粒砾石遮挡上覆细粒组分再渗入充填而形成支撑砾岩

(c)阶段C：后期富碎屑流体再沉积

图 9.2　沟槽及河道底部支撑砾岩形成机理

　　这类支撑砾岩主要发育在主槽、辫状沟槽等微相内流沟底部以及沟槽内层理底部。影响该支撑砾岩规模的主要因素有：①间洪期冲刷时间。间洪期冲刷时间越长，对先期沉积淘洗越干净，侵蚀深度越深，支撑砾岩厚度越大。②洪水期沉积物沉积速率。洪水期沉积物沉积速率越快，支撑砾岩保存越好，而沉积速率越小，则细粒沉积物将逐渐充填底部滞留砾石层，使其砾石间细粒沉积物含量增多，支撑砾岩越不易保存，规模减小。③沟槽宽度，在一定范围内沟槽宽度越宽支撑砾岩长度越长，但超过这个界限支撑砾岩长度不再增加。

3. 辫流砂岛前端及沟间滩后端支撑砾岩

图 9.3　辫流砂岛前端流水汇聚
对流的侵蚀簸选现象

　　间歇期，辫流砂岛前端两侧水流在沟间滩前端相互对流，使其水动力减弱，携带的较大砾石沉降，而其余大部分砂泥等细粒沉积继续向前搬运，因此在沟间滩前端遗留孔渗较好的砾石层（图9.3）。

　　沟间滩后端，流水遭遇沟间滩阻挡，水动力减弱致使大砾石沉积而形成物性较好的砾石层。下期洪水时，洪水内沉积物快速沉积覆盖间洪期物性较好的砾石层，使物性较好的大砾石层得以保存，形成支撑砾岩。沟间滩的形成经历过多次间洪期、洪水期相互转化，而一次过程形成一套支撑砾岩，多次形成多套支撑砾岩。沟间滩内支撑砾岩以砾石直径较小、规模不大、多期支撑砾岩构成前积层理为特征。

　　整体而言，沿沟槽及河道底部发育的支撑砾岩相对于沿片流层面分布的支撑砾岩具有更大的偏度和更集中的峰度范围（图9.4、图9.5），反映沿沟槽及河道底部发育的支撑砾岩具有相对更大的粒度和更好的分选程度，因此其储集物性也更为优越。

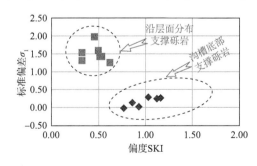

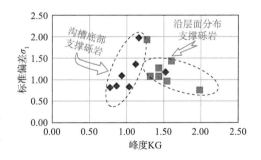

图 9.4　不同支撑砾岩标准偏差与偏度交会图　　图 9.5　不同支撑砾岩标准偏差与峰度交会图

二、支撑砾岩分布规律

　　为了明确支撑砾岩分布规律，采用以下方法和参数对扇体内部发育的支撑砾岩分布规律进行定量表征。

1. 支撑砾岩研究方法

1）支撑砾岩颗粒大小

在野外直接测量扇体不同部位各测点剖面观察到的支撑砾岩砾石直径，并以所测量的支撑砾岩内 10 个最大砾石的长轴砾径平均值作为该测点支撑砾岩砾石直径数据。

2）支撑砾岩厚度及横向延伸长度

在野外直接测量扇体不同部位各测点剖面内出现的支撑砾岩的厚度及横向延伸长度，并求取平均值以作为该测点处支撑砾岩的厚度及横向延伸长度数据。

3）支撑砾岩分布频率

在各测点处随机选取三个垂向岩相柱状剖面，测量柱状剖面的高度，统计在该柱状剖面内发育的支撑砾岩层数及各层支撑砾岩的厚度。并采用线密度（在单位长度柱状剖面内发育的支撑砾岩层数）以及单位厚度（在单位长度柱状剖面内发育的支撑砾岩总厚度）两个参数来定量刻画支撑砾岩分布规律。

2. 扇体各位置支撑砾岩分布规律

对白杨河冲积扇扇根、扇中及扇缘三个不同部位共计 21 处测点的剖面进行支撑砾岩厚度、横向延伸长度、平均砾石直径、单位厚度和线密度 5 个参数进行测量和统计，统计结果见表 9.1，现就各参数变化趋势进行分析。

表 9.1 白杨河冲积扇内部各测点支撑砾岩发育特征参数

测点	距离/km	横向延伸长度/m	厚度/cm	砾石直径/cm	单位厚度/（cm/m）	线密度
2	3.3	1.3	4.2	2.3	0.36	0.67
11	5.16	3.8	12.3	9.7	3.14	2.33
13	6.23	4.5	7.4	4.3	5.60	2.00
16	9.42	1.7	5.1	4.3	8.34	5.00
17	11.4	2.1	5.0	4.5	7.35	5.00
18	12.84	3.8	5.0	4.1	3.00	2.50
19	14.71	0.4	5.9	1.97	5.67	2.50
21	16.78	3.5	4.7	3.4	7.42	6.00
22	17	3.3	6.0	3.8	6.09	3.75
23	21.19	1.4	8.0	2.4	9.12	2.00
66	27.19	2.2	4.0	2	3.20	2.00
44	18.64	1.2	3.4	1.3	11.85	9.00
49	9.23	1.1	14.0	4.9	12.50	4.00
48	9.6	0.5	6.5	2	7.00	3.33

续表

测点	距离/km	横向延伸长度/m	厚度/cm	砾石直径/cm	单位厚度/（cm/m）	线密度
57	15.73	0.8	7.2	2.1	5.88	3.50
56	15.69	0.5	6.7	1.96	4.20	2.33
55	15.9	0.5	6.2	1.56	7.44	4.33
59	22.78	0.5	6.2	1.32	4.70	3.00
61	23.25	0.5	6.7	2.19	8.11	5.25

1）支撑砾岩横向延伸长度及厚度变化趋势

如图9.6、图9.7所示，随着离扇顶点距离的增加，支撑砾岩横向延伸长度和厚度总体呈减小趋势，反映自扇根到扇缘方向支撑砾岩发育的规模逐渐减小。但各数据点仍存在相当大的波动性，反映不同成因及不同水动力条件下形成的支撑砾岩间的差异。由此可看出，在扇根及扇中位置支撑砾岩相储层规模相对较大，是其发育的有利区带。

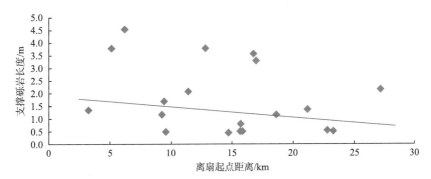

图9.6 支撑砾岩横向长度随距扇顶距离变化规律

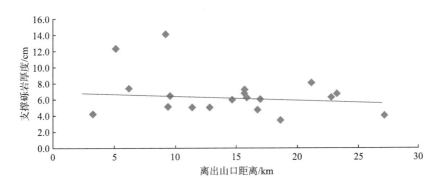

图9.7 支撑砾岩厚度随距扇顶距离变化规律

2）支撑砾岩砾石直径变化趋势

如图9.8所示，整体而言支撑砾岩内部砾石直径随距扇顶距离的增加而减小，最大砾石直径从扇根处40~50cm减小至扇缘的2~5cm，变化趋势较为明显，这一现象说明自扇根到扇缘形成支撑砾岩的水动力条件逐渐减弱。一般而言，随着支撑砾岩砾径的减小，砾石间的孔隙也将随之减小，由此可见自扇根到扇缘支撑砾岩的储集物性可能逐渐降低。

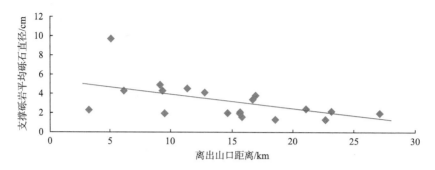

图 9.8　支撑砾岩砾石直径随距扇顶距离变化规律

3）支撑砾岩线密度及单位厚度变化趋势

如图 9.9、图 9.10 所示，支撑砾岩线密度及单位厚度均随距扇顶距离的增加而表现为先增加后减小的变化趋势，这一特征表明支撑砾岩在扇根内带不太发育，向扇根外带和扇中上部延伸时，支撑砾岩含砾开始慢慢增加，随着搬运距离的继续增加，支撑砾岩含量开始减少。

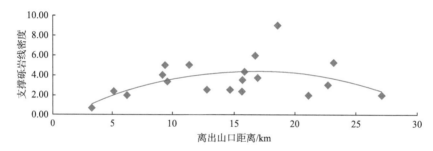

图 9.9　支撑砾岩砾石线密度随距扇顶距离变化规律

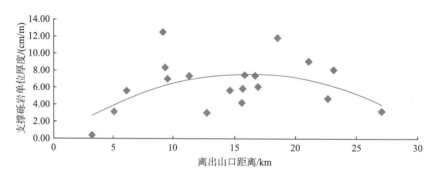

图 9.10　支撑砾岩砾石单位厚度随距扇顶距离变化规律

综上可见，支撑砾岩相优势储层主要分布于扇根及扇中位置，并且自扇根向扇缘方向，支撑砾岩储层的规模、物性及出现频率均逐渐降低，因此扇根及扇中部位是有利分布区。

第二节　砂岩相优质储层特征及分布规律

相较于粒度较粗且分选较差的砾岩类岩相储层而言，各砂岩类岩相储层沉积水动力条件稳定且机械分异作用更为完全，储层分选较好且层理发育更为典型，使得其原始物性更加优越，因此各类砂岩相储层（包括块状砂岩相、平行层理砂岩相、大型/小型交错层理砂岩相、风成砂岩相）是冲积扇内部另一典型的优质储层类型。

成因机理上，砂岩类储层主要以河道砂岩为主，包括扇根主槽和扇中辫状沟槽内部的流沟沉积以及扇中远端和扇缘部位发育的径流水道沉积（图9.11）。这类砂岩储层多呈透镜状，且内部发育有不同规模的各类层理构造（图9.12）。而除河道砂岩外，另一类优质砂岩储层为风成砂岩，这类砂岩储层相对规模较小，粒度较细，但分选程度更好。

(a)槽状交错层理砂岩（测点44）　　(b)板状交错层理砂岩（测点44）

(c)斜层理砂岩（测点44）　　(d)平行层理砂岩（测点66）

图9.11　白杨河冲积扇内部河道砂岩野外照片

扇体内部各类砂岩储层分布较为随机，并且由于遭受砾质沉积流体的侵蚀使得其形态及规模较为多变（图9.13）。但整体而言，扇中和扇缘部位河道成因的砂岩相储层出现频率较大，而这一现象与扇体建造过程中洪水流体向扇缘部位水动力逐渐减弱有关。就白杨河冲积扇而言，风成砂岩分布较为有限且规模较小，造成这一现象的主要原因为扇体整体沉积粒度粗，砾级组分比重大使得风的作用或簸选能力降低，因此风成砂岩类储层相对河道成因砂岩不甚发育。

值得注意的是，由于大型扇体的建造过程为多期洪水事件沉积叠加的结果，因此在对

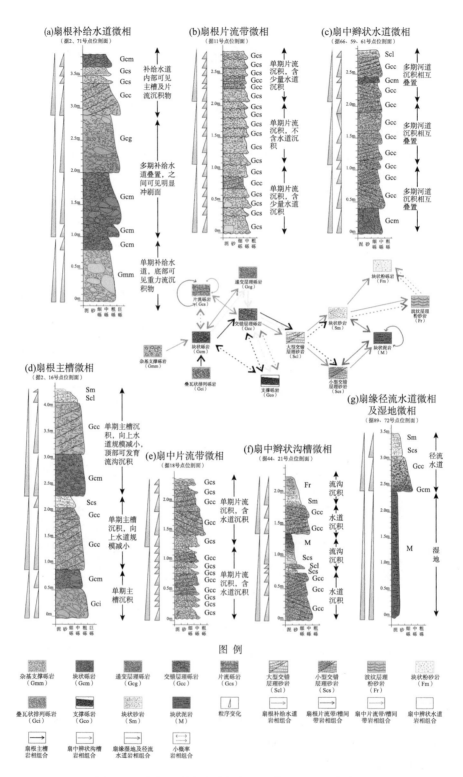

图 9.12　白杨河冲积扇内部各微相典型岩相组合特征

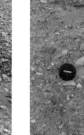

(a)扇表面风成砂岩（测点28）　　　　　　　　(b)透镜状砂岩（测点23）

图 9.13　白杨河冲积扇内部风成砂岩野外照片

埋藏冲积扇砂砾岩储集体的勘探开发过程中，应首先注重扇体内部沉积期次，区分洪水过程不同阶段沉积特征，精细对比并建立等时地层格架。在此基础上，刻画洪水期及间洪期各类储层的展布，特别是对间洪期发育的砂质河道进行精细表征和对比，明确河道规模、连通性及内部构型特征，这是寻找优质储层的关键。而针对洪水期发育的各类型砾岩储层而言，应着重于其成岩改造方面的研究。

第十章 白杨河冲积扇沉积演化控制因素

冲积扇沉积演化过程及地貌形态控制因素较为多样，按控制因素的作用特征可划分为静态因素（passive factors）和动态因素（dynamic factors）两大类（Harvey，2002；Luzon，2005；Jones，2014）。其中静态因素主要包括流域盆地性质、沉积地形坡度、扇周缘环境等，上述因素在扇体演化过程中基本不发生改变；而动态控制因素主要包括气候、基准面及构造活动等，这些因素在扇体演化过程中可不断变化。各静态和动态控制因素间既相互独立又相互联系，其中各动态因素在扇体发育过程中的单独变化均可对扇体产生相同或相近的影响效果（Ventra，2014；Jones，2014），而在不同的地质背景下扇体也往往受到多个影响因素的共同作用，因此造成扇体沉积过程和形态特征的复杂性和多样性。

第一节 白杨河冲积扇发育的静态控制因素

冲积扇上游方向的流域盆地条件（包括流域盆地大小、流域盆地内出露的基岩岩性和流域盆地地形坡度等）作为一重要且较为独立的因素影响着扇体发育所需的沉积物性质、沉积物和水流供给总量及沉积流体性质，进而对扇体的沉积过程及扇体规模起到重要的控制作用（Nichols，2005；Blair，2009）。

白杨河冲积扇上游流域盆地面积大、坡度缓，出露的基岩岩性多为脆性的岩浆岩及火山碎屑岩（详见第三章），而这些岩石在遭受风化后往往易破碎而形成粗粒的砂级和砾级碎屑。加之干旱气候条件下流域盆地内植被较不发育，使得基岩所遭受的化学风化程度较低（Blair，1999；Bahrami，2015），因此流域盆地内所形成的沉积物多以粗粒碎屑为主，细粒的粉砂级及泥级碎屑含量较少。大面积的流域盆地可产生具有更大的水量/沉积物量比值（water – sediment ratios）的洪水流体，而在这种洪水流体中由于缺少细粒碎屑组分因而流体黏性较低（Blair，1999），使得其难以转化为泥石流流体，而多以高密度洪流流体或牵引流流体为主，因此整个白杨河冲积扇内部泥石流沉积所占比重较小。

一般而言，流域盆地面积与扇体规模呈正相关关系而与扇面坡度呈负相关关系（图10.1）。其原因在于，流域盆地的面积越大，其内部所能存储的沉积物总量及水体总量也越大，使得其在洪水期所能供给扇体的沉积物和水体总量也越大，因此洪水所能建造的扇体规模也越大，与此同时扇体延伸的距离也更长，从而使其坡度也更缓。由此可知，白杨河冲积扇如此大的沉积规模及不到1°的扇面坡度的形成原因在于，其上游具有一个大范围的流域盆地。

值得注意的是，在大面积的流域盆地内部，也在不断发生着沉积搬运作用（Jo，1997）。因此形成白杨河冲积扇的碎屑沉积物在被洪水流体搬运出出山口而形成扇体之前，已经在流域盆地内部经过长距离的搬运甚至是多次搬运，因而使得砾石遭受较为长期的磨蚀过程，这也是白杨河冲积扇内部砾石磨圆较好的重要原因。由此可见，具有大面积流域盆地面积的白杨河冲积扇并非传统意义上的"近源"沉积，而实属"远源"沉积。此外，白杨河冲积扇扇体周缘的湿地沉积环境的形成与消亡同扇体建造及废弃过程较为一致，因此对扇体的影响相对较小。

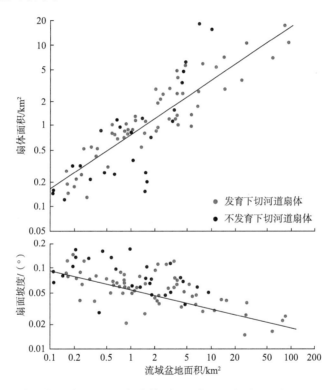

图 10.1　冲积扇流域盆地面积与扇体面积及扇面坡度关系（据 Harvey，2011）

第二节　白杨河冲积扇发育的动态控制因素

一般而言，由于动态控制因素中气候的变化相较于基准面变化或构造活动具有更小的时间尺度（Waters，2010；Chen，2017）（如米兰科维奇旋回尺度的气候变化），因此对扇体的沉积过程具有更大的影响效力，周期性的气候变化作用效果甚至可掩盖基准面变化或构造活动对扇体的影响（Ritter，2000；Harvey，2011）。而与气候相关的降水量、温度及植被发育程度与扇体的建造过程及沉积特征具有密切的联系（Ridgway，1993；Blair，2009；Salcher，2010）。

白杨河冲积扇发育于和什托洛盖盆地这一山间内流盆地（endorheic basin）中，盆地周缘被逆冲山体所环绕，盆地演化独立且盆地内部现今及白杨河冲积扇发育期并未出现湖相水体，同时整个内流盆地由于沉积物的不断充填使得其内部地势也随之不断抬升，而这一充填过程迫使盆地内沉积基准面也一直处于抬升状态（forced base level rise）（Frostick，1993；Harvey，2011；Fisher，2007；Ventra，2014）（图10.2），且不存在湖平面变化的影响。因此，在内流盆地中沉积基准面的变化，包括抬升速率及抬升程度，对其边缘发育的冲积扇沉积体系并不具有明显的控制作用（Harvey，2011；Ventra，2014），即白杨河冲积扇的形成演化及内部相带变迁可排除沉积基准面这一因素的控制。

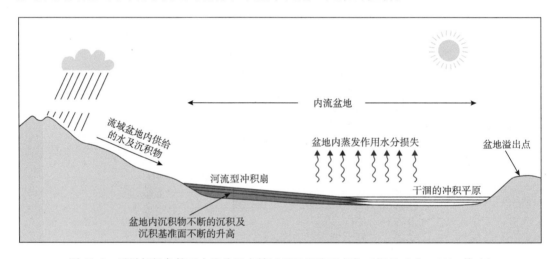

图10.2 干旱气候条件下内流盆地充填过程及基准面变化（据 Nichols，2007 修改）

整个白杨河冲积扇的大规模扇体建造过程并非瞬间完成，尽管在其整个发育历史的某一阶段，扇体的沉积过程可能受控于构造活动的影响，但本次研究的扇体出露剖面厚度在几米到几十米之间，而由构造活动控制的沉积地层厚度一般在几百米到上千米之间（Frostick，1993；Jo，1997），因此本次研究所观察到的扇体内部沉积特征、沉积微相及相带变化并非受控于构造活动的影响。

综上所述，由于内流盆地中沉积基准面的不断抬升，山前扇体发育的可容空间一直处于充足状态，同时扇缘环境中并未出现轴向河流及湖相水体，而构造活动较其时间尺度更小的阵发性洪水建造过程影响又十分有限。因此白杨河冲积扇出露部分地层的相带变化，即沉积过程变化，主要受控于时间尺度更小的阵发性洪水过程中的沉积物供给及水流流量的变化，而扇体的大时间尺度上的地貌演变则受构造活动的控制（表10.1）。

表 10.1　白杨河冲积扇不同演化阶段发育条件及沉积特征

沉积演化阶段	特征描述
 （a）洪水沉积期扇体建造扩大	发育条件：来自上游流域盆地内部水及沉积物供给量达最大，水动力条件最强 主要发育相带：扇中片流带、扇中辫流带、扇缘径流水道、扇缘湿地
 （b）间洪期扇体改造	发育条件：来自上游流域盆地内部水及沉积物供给量大幅度减小，水动力条件减弱 主要发育相带：扇根主槽、扇根槽间带、扇中辫状沟槽、扇中槽间带、扇缘径流、扇缘湿地
 （c）多期洪水事件叠覆生长	发育条件：多期次洪水作用建造完成，每期洪水作用过程均经历洪水期和间洪期两个阶段 相带发育特征：每期次朵体均沿坡度最大的方向进行扇体的建造，朵体内部沉积相带一致
 （d）扇体抬升并受河流下切侵蚀	发育条件：受控于构造抬升影响，当地形坡度达河流或洪水下切的临界坡度时，将对扇体进行侵蚀切割 沉积特征：扇体内部发育下切河道，遭受破坏

　　具体而言，冲积扇建造过程中沉积流体的展布宽度，即流体是以河道化状态（chan-nelised）还是以席状化（sheet – like）状态发育，主要受控于洪水期来自流域盆地的洪水

水量的绝对大小及地貌限制（Parker，1998；Clarke，2010；Whipple，1998）。如果洪水水量足够大且出山口后无下切河道等地貌限制，则其将以席状化形式发育，但如存在下切河道等地貌限制，则洪水可在流出下切河道后转变为非限制性席状流体。反之，如果洪水水量相对较小而难以满足形成席状流体的条件，则将以河道化形式出现。

由此可知，洪水期来自流域盆地内的洪水流体具有水量大且沉积物含量高的特点，其在流出补给水道后可以转变为席状化的片流发育。但在间洪期，由于来自流域盆地内的洪水水量供给降低，因此大范围连片的席状化流体状态将难以继续维持，而转变为河道化的主槽沉积状态。与此同时，由于流域盆地内储存的大量沉积物在洪水期已经被搬运带出（Blair，2009；Harvey，2011），因此洪退期来自流域盆地内的沉积物供给量也随之降低。而伴随着流体内部沉积物含量的降低，流体的侵蚀能力也随之增强（Suresh，2007；Salcher，2010；Harvey，2011），使得间洪期流体河道化特征也更为明显。同时流体内部沉积物含量的降低也往往使河道化流体在流动过程中对地貌低地更为敏感，进而造成流体流动方向及形态的多变，且平面分布也更具有随机性。

尽管区域构造活动对时间尺度更小的阵发性洪水扇体建造过程的控制作用较为有限，但更高频的构造活动，如地震及断层活动等均会对扇体的地貌形态产生重大改变，并可影响到其后的扇体发育过程（Blair，2000；Blair，2009；Jones，2014）。受到新构造活动的影响，白杨河冲积扇东侧扇体被强烈破坏，内部由于发育逆冲断层而形成地貌高差，造成在断层下降盘一侧沿断层走向发育一系列的小型次生扇体（图3.4）。此外，构造活动的差异作用使得东侧扇体抬升，造成下切河道不断向西侧迁移，进而使得下切河谷内西侧阶地不断遭受侧蚀作用，阶地宽度明显窄于东侧阶地（图3.6）。这一差异作用过程最终会导致后期扇体建造方向的向西迁移，从而干预扇体的正常演化进程。与此同时，扇根部位的构造抬升也使得地形坡度增大，促使下切河流动力条件增强（Suresh，2007；Shukla，2009；Waters，2010），其下切深度及延伸距离也得以增大，从而可促使扇体的不断向前进积。

参 考 文 献

［1］ BLISSENBACH E. Geology of alluvial fans in semi-arid regions ［J］. Geological Society of America Bulletin, 1954, 65: 175 – 190.

［2］ 吴胜和，冯文杰，印森林，等. 冲积扇沉积构型研究进展 ［J］. 古地理学报，2016, 18 (4): 497 – 509.

［3］ BLAIR T C, MCPHERSON J G. Processes and forms of alluvial fans ［M］. Netherlands, Springer, 2009: 413 – 467.

［4］ HARVEY A. Dryland alluvial fans ［M］. America, John Wiley & Sons, 2011: 333 – 371.

［5］ 钟大康. 山地蚀源区的沉积类型及其相关概念的系统梳理与厘定 ［J］. 古地理学报，2016, 18 (3): 335 – 346.

［6］ MOORE J M, HOWARD A D. Large alluvial fans on Mars ［J］. Journal of Geophysical Research, 2005, 110: E04005.

［7］ DE HAAS T, HAUBER E, KLEINHANS M G. Local late Amazonian boulder breakdown and denudation rate on Mars ［J］. Geophysical Research Letters, 2013, 40: 3527 – 3531.

［8］ De Haas T, Ventra D, Hauber E, et al. Sedimentological analyses of martian gullies: The subsurface as the key to the surface ［J］. Icarus, 2015, 258: 92 – 108.

［9］ CHEN L Q, STEEL R J, GUO F S, et al. Alluvial fan facies of the Yongchong Basin: Implications for tectonic and paleoclimatic changes during Late Cretaceous in SE China ［J］. Journal of Asian Earth Sciences, 2017, 134: 37 – 54.

［10］ 印森林，刘忠保，陈燕辉，等. 冲积扇研究现状及沉积模拟实验—以碎屑流和辫状河共同控制的冲积扇为例 ［J］. 沉积学报，2017, 35 (1): 10 – 23.

［11］ HARVEY A M, MATHER A E, STOKES M. Alluvial fans geomorphology, sedimentology, dynamics introduction: a review of alluvial fan research ［M］. London, Geological Society Special Publications, 2005: 1 – 7.

［12］ KRAUS M J, WOODY D T, SMITH J J, et al. Alluvial response to the Paleocene-Eocene Thermal Maximum climatic event, Polecat Bench, Wyoming (U.S.A.) ［J］. Palaeogeography, Palaeoclimatology, Palaeoecology, 2015, 435: 177 – 192.

［13］ CANTARERO I, ZAFRA C J, TRAVE A, et al. Fracturing and cementation of shallow buried Miocene proximal alluvial fan deposits ［J］. Marine and Petroleum Geology, 2014, 55: 87 – 99.

［14］ 吴胜和，范峥，许长福，等. 新疆克拉玛依油田三叠系克下组冲积扇内部构型 ［J］. 古地理学报，2012, 14 (3): 331 – 340.

[15] XIE C L, MA H F, LIANG H G, et al. Alluvial fan facies and their distribution in the Lower Talang Acar Foration, Northeast Betara Oilfield, Indonesia [J]. Petroleum Science, 2007, 4 (2): 18 – 28.

[16] 饶钦祖. 从鸭儿峡油田的形成论潜山-洪积扇复式油藏勘探前景 [J]. 石油学报, 1991, 12 (1): 23 – 29.

[17] 钟建华, 王国壮, 高祥成, 等. 东营凹陷北部陡坡带丰 1 扇背斜的特征、成因及其与油气的关系 [J]. 地质科学, 2008, 43 (4): 625 – 636.

[18] 王勇, 钟建华, 王志坤, 等. 柴达木盆地西北缘现代冲积扇沉积特征及石油地质意义 [J]. 地质论评, 2007, 53 (6): 791 – 796.

[19] 郭建华, 朱美衡, 杨申谷, 等. 辽河盆地曙一区馆陶组湿地冲积扇沉积 [J]. 沉积学报, 2003, 21 (3): 367 – 371.

[20] 吴因业, 冯荣昌, 岳婷, 等. 浙江中西部永康盆地及金衢盆地白垩系冲积扇特征 [J]. 古地理学报, 2015, 17 (2): 160 – 171.

[21] 徐安娜, 穆龙新, 裘怿楠. 我国不同沉积类型储集层中的储量和可动剩余油分布规律 [J]. 石油勘探与开发, 1998, 25 (5): 41 – 44.

[22] 印森林, 吴胜和, 冯文杰, 等. 冲积扇储集层内部隔夹层岩石—以克拉玛依油田一中区克下组为例 [J]. 石油勘探与开发, 2013, 40 (6): 757 – 763.

[23] 任涛, 王彦春, 王仁冲. 冲积扇低孔、低渗砂砾岩油藏产能指标预测—以准噶尔盆地西北缘 Y 地区三叠系百口泉组油藏为例 [J]. 石油与天然气地质, 2014, 35 (4): 556 – 561.

[24] 蔚远江, 李德生, 胡素云, 等. 准噶尔盆地西北缘扇体形成演化与扇体油气藏勘探 [J]. 地球学报, 2007, 28 (1): 62 – 71.

[25] 冯文杰, 吴胜和, 许长福, 等. 冲积扇储层窜流通道及其控制的剩余油分布模式—以克拉玛依油田一中区下克拉玛依组为例 [J]. 石油学报, 2015, 36 (7): 858 – 868.

[26] 王成, 官艳华, 肖利梅, 等. 松辽盆地北部深层砾岩储层特征 [J]. 石油学报, 2006, 27 (增刊): 52 – 56.

[27] 斯春松, 刘占国, 寿建峰, 等. 柴达木盆地昆北地区路了河组砂砾岩有效储层发育主控因素及分布规律 [J]. 沉积学报, 2014, 32 (5): 966 – 971.

[28] 郑占, 吴胜和, 许长福, 等. 克拉玛依油田六区克下组冲积扇岩石相及储层质量差异 [J]. 石油与天然气地质, 2010, 31 (4): 463 – 471.

[29] 伊振林, 吴胜和, 杜庆龙, 等. 冲积扇储层构型精细解剖方法—以克拉玛依油田六中区下克拉玛依组为例 [J]. 吉林大学学报（地球科学版）, 2010, 40 (4): 939 – 945.

[30] HARVEY A M. The role of alluvial fans in the mountain fluvial systems of southeast Spain: implications of climate change [J]. Earth Surface Processes and Landforms, 1996, 21: 543 – 553.

[31] HORNUNG J, PFLANZ D, HECHLER A, et al. 3 – D architecture, depositional patterns and climate triggered sediment fluxes of an alpine alluvial fan (Samedan, Switzerland) [J]. Geomorphology, 2010, 115: 202 – 214.

[32] DE HAAS T, KLEINHANS M G, CARBONNEAU P E, et al. Surface morphology of fans in the high-Arctic periglacial environment of Svalbard: Controls and processes [J]. Earth-Science Reviews, 2015, 146: 163 – 182.

[33] VENTRA D, NICHOLS G J. Autogenic dynamics of alluvial fans in endorheic basins: Outcrop examples

and stratigraphic significance [J]. Sedimentology, 2014, 61: 767-791.

[34] 余宽宏, 金振奎, 李桂仔, 等. 准噶尔盆地克拉玛依油田三叠系克下组洪积砾岩特征及洪积扇演化 [J]. 古地理学报, 2015, 17 (2): 143-158.

[35] IELPI A, GHINASSI M. A sedimentary model for early Palaeozoic fluvial fans, Aldemey Sandstone Formation (Channel Island, UK) [J]. Sedimentary Geology, 2016, 342: 31-46.

[36] 李新坡. 中国北方地区冲积扇地貌发育特征与影响因素分析 [D]. 北京: 北京大学, 2007: 1-6.

[37] ECKIS R. Alluvial fans in the Cucamonga District, Southern California [J]. Journal of Geology, 1928, 36: 225-247.

[38] CLARKE L, QUINE T A, NICHOLAS A. An experimental investigation of autogenic behaviour during alluvial fan evolution [J]. Geomorphology, 2010, 115: 278-285.

[39] VAN DIJK M, KLEINHANS M G, POSTMA G, et al. Contrasting morphodynamics in alluvial fans and fan deltas: effect of the downstream boundary [J]. Sedimentology, 2012, 59: 2125-2145.

[40] CLARKE L E. Experimental alluvial fans: Advances in understanding of fan dynamics and processes [J]. Geomorphology, 2015, 244: 135-145.

[41] CLEVIS Q, DEBOER P L, NIJMAN W. Differentiating the effect of episodic tectonism and eustatic sea-level fluctuations in foreland basins filled by alluvial fans and axial deltaic systems: insights from a three-dimensional stratigraphic forward model [J]. Sedimentology, 2004, 51: 809-835.

[42] CLEVIS Q, De BOER P, WACHTER M. Numerical modeling of drainage basin evolution and three-dimensional alluvial fan stratigraphy [J]. Sedimentary Geology, 2003, 163: 85-110.

[43] SALCHER B C, FABER R, WAGREISCH M. Climate as main factor controlling the sequence development of two Pleistocene alluvial fans in the Vienna Basin (eastern Austria) —A numerical modeling approach [J]. Geomorphology, 2010, 115: 215-227.

[44] AL-FARRAJ A, HARVEY A M. Desert pavement characteristics on wadi terrace and alluvial fan surfaces: Wadi Al-Bih, UAE and Oman [J]. Geomorphology, 2000, 35 (3-4): 279-297.

[45] HSU L, PELLETIER J D. Correlation and dating of Quaternary alluvial-fan surfaces using scarp diffusion [J]. Geomorphology, 2004, 60 (3-4): 319-335.

[46] STALEY D M, WASKLEWICZ T A, BLASZCZYNSKI J S. Surficial patterns of debris flow deposition on alluvial fans in Death Valley, CA using airborne laser swath mapping data [J]. Geomorphology, 2006, 74 (1-4): 152-163.

[47] MILIARESIS G C, ARGIALAS D P. Extraction and delineation of alluvial fans from digital elevation models and landsat thematic mapper images [J]. Photogrammetric Engineering and Remote Sensing, 2000, 66 (9): 1093-1101.

[48] POPE R J J, MILLINGTON A C. Unravelling the patterns of alluvial fan development using mineral magnetic analysis: Examples from the Sparta Basin, Lakonia, southern Greece [J]. Earth Surface Processes and Landforms, 2000, 25 (6): 601-615.

[49] STIMSON J, FRAPE S, DRIMMIE R, et al. Isotopic and geochemical evidence of regional-scale anisotropy and interconnectivity of an alluvial fan system, Cochabamba Valley, Bolivia [J]. Applied Geochemistry, 2001, 16 (9-10): 1097-1114.

[50] DILL H G. Heavy mineral response to the progradation of an alluvial fan—Implications concerning unroofing

of source area, chemical weathering and palaeo-relief (Upper Cretaceous Parketein Fan Complex, Germany) [J]. Sedimentary Geology, 1995, 95: 39 – 56.

[51] 吴胜和, 伊振林, 许长福, 等. 新疆克拉玛依油田六中区三叠系克下组冲积扇高频基准面旋回与砂体分布型式研究 [J]. 高校地质学报, 2008, 14 (2): 157 – 163.

[52] 李国永, 徐怀民, 路言秋, 等. 准噶尔盆地西北缘八区克下组冲积扇高分辨率层序地层学 [J]. 中南大学学报 (自然科学版), 2010, 41 (3): 1124 – 1130.

[53] 冯文杰, 吴胜和, 夏钦禹, 等. 基于地质矢量信息的冲积扇储层沉积微相建模: 以克拉玛依油田三叠系克下组为例 [J]. 高校地质学报, 2015, 21 (3): 449 – 460.

[54] 李林, 陈志宏, 张金凤, 等. 层序地层分析技术在冲积扇沉积相研究中的应用 [J]. 石油物探, 2010, 49 (3): 299 – 305.

[55] JOLIVET M, BARRIER L, DOMINGUEZ S, et al. Unbalanced sediment budgets in the catchment alluvial fan system of the Kuitun River (northern Tian Shan, China): implications for mass-balance estimates, denudation and sedimentation rates in orogenic systems [J]. Geomorphology, 2014, 214: 168 – 182.

[56] SCHOLLE P A, SPEARING S. Sandstone depositional environments [M]. U. S. A: The American Association of Petroleum Geologists, 1981: 49 – 83.

[57] GALLOWAY W E, HOBDAY D K. Terrigenous clastic depositional systems [M]. Berlin Heidelberg: Springer, 1983.

[58] 赵澄林. 沉积学原理 [M]. 北京: 石油工业出版社, 2001.

[59] KOSTASCHUK R A, MACDONALD G M, PUTNAM P E. Depositional process and alluvial fan drainage basin morphometric relationships near Banff, Alberta, Canada [J]. Earth Surface Processes and Landforms, 1986, 11: 471 – 484.

[60] HARVEY A M, MATHER A E, STOKES M. Alluvial fans: geomorphology, sedimentology, dynamics-introduction. A review of alluvial fan research [M]. London: Geological Society Special Publications, 2005, 251: 1 – 7.

[61] STANISTREET I G, MCCARTHY T S. The Okavango Fan and the classification of subaerial fan systems [J]. Sedimentary Geology, 1993, 85: 115 – 133.

[62] NORTH C P, DAVIDSON S K. Unconfined alluvial flow processes: Recognition and interpretation of their deposits, and the significance for palaeogeographic reconstruction [J]. Earth-Science Reviews, 2012, 111: 199 – 223.

[63] LEIER A L, DECELLES P G, PELLETIER J D. Mountains, monsoons, and megafans [J]. Geology, 2005, 33 (4): 289 – 292.

[64] BLAIR T C. Sedimentary processes and facies of the water-laid Anvil Spring Canyon alluvial fan, Death Valley, California [J]. Sedimentology, 1999, 46: 913 – 940.

[65] BLAIR T C. Sedimentology of the debris-flow-dominated Warm Spring Canyon alluvial fan, Death Valley, California [J]. Sedimentology, 1999, 46: 941 – 965.

[66] BLAIR T C. Sedimentology and progressive tectonic unconformities of the sheetflood dominated Hell's Gate alluvial fan, Death Valley, California [J]. Sedimentary Geology, 2000, 132: 233 – 262.

[67] HOGG S E. Sheetfloods, sheetwash, sheetflow, or…? [J]. Earth Science Reviews, 1982, 18: 59 – 76.

[68] MEYER G A, PIERCE J L, WOOD S H. Fire, storms and erosional events on the Idaho batholiths [J]. Hydrological Processes, 2001, 15: 3025 - 3038.

[69] LANGFORD R, BRACKEN B. Medano Creek, Colorado, a model for upper-flow-regime fluvial deposition [J]. Journal of Sedimentary Petrology, 1987, 57: 863 - 870.

[70] BLAIRT C. Sedimentary processes, vertical stratification sequences, and geomorphology of the Roaring River alluvial fan, Rocky Mountain National Park, Colorado [J]. Journal of Sedimentary Petrology, 1987, 57: 1 - 18.

[71] DAVIDSON S K, HARTLEY A J, WEISSMANN G S, et al. Geomorphic elements on modern distributive fluvial systems [J]. Geomorphology, 2013, 180 - 181: 82 - 95.

[72] HARTLEY A J, WEISSMANN G S, NICHOLS G J, et al. Large distributive fluvial systems: characteristics, distribution, and controls on development [J]. Journal of Sedimentary Research, 2010, 80: 167 - 183.

[73] WEISSMANN G S, HARTLEY A J, SCUDERI L A, et al. Fluvial geomorphic elements in modern sedimentary basins and their potential preservation in the rock record: A review [J]. Geomorphology, 2015, 250: 187 - 219.

[74] NORTH C P, WARWICK G L. Fluvial fans: myths, misconceptions, and the end of the terminal fan model [J]. Journal of Sedimentary Research, 2007, 77: 693 - 701.

[75] VISERAS C, FERNANDEZ J. Channel migration patterns and related sequences in some alluvial fan systems [J]. Sedimentary Geology, 1994, 88: 201 - 217.

[76] HORTON R E. Erosional development of streams and their drainage basins: hydrophysical approach to quantitative morphology [J]. Geological Society of America Bulletin, 1945, 56: 275 - 370.

[77] BEAUMONT P, OBERLANDER T M. Observations on stream discharge and competence at Mosaic Canyon, Death Valley, California [J]. Geological Society of America Bulletin, 1971, 82: 1695 - 1698.

[78] DE HAAS T, VENTRA D, CARBONNEAU P E, et al. Debris-flow dominance of alluvial fans masked by runoff reworking and weathering [J]. Geomorphology, 2014, 217: 165 - 181.

[79] KRAPF C B E, STANISTREET I G, STOLLHOFEN H. Morphology and fluvio-aeolian interaction of the tropical latitude, ephemeral barided-river dominated Koigab Fan, north-west Namibia [J]. Special Publications of International Association of Sedimentologists, 2005, 35: 99 - 120.

[80] BAHRAMI S, AGHDA S M F, BAHRAMI K, et al. Effects of weathering and lithology on the quality of aggregates in the alluvial fans of Northeast Rivand, Sabzevar, Iran [J]. Geomorphology, 2015, 241: 19 - 30.

[81] LIU T Z, BROECKER W S. Holocene rock varnish microstratigraphy and its chronometric application in the drylands of western USA [J]. Geomorphology, 2007, 84: 1 - 21.

[82] RITTER J B, MILLER J R, HUSEK-WULFORST J. Environmental controls on the evolution of alluvial fans in Buena Vista Valley, north central Nevada, during late Quaternary time [J]. Geomorphology, 2000, 36: 63 - 87.

[83] RACHOCKI A H, CHURCH M. Alluvial fans—a field approach [M]. New York, Wiley, 1990: 247 - 270.

[84] CHAKRABORTY T, KAR R, GHOSH P, et al. Kosi megafan: Historical records, geomorphology and the recent avulsion of the Kosi River [J]. Quaternary International, 2010, 227: 143 - 160.

[85] AGARWAL R P, BHOJ R. Evolution of Kosi river fan, India: structural implications and geomorphic significance [J]. International Journal of Remote Sensing, 1992, 13 (10): 1891 – 1901.

[86] JO H R, RHEE C W, CHOUGH S K. Distinctive characteristics of a streamflow-diminated alluvial fan deposit: Sanghori area, Kyongsang Basin (Early Cretaceous), southeastern Korea [J]. Sedimentary Geology, 1997, 110: 59 – 79.

[87] SHUKLA U K, SINGH I B, SHARMA M, et al. A model of alluvial megafan sedimentation: Ganga Megafan [J]. Sedimentary Geology, 2001, 144: 243 – 262.

[88] TUNBRIDGE I P. Facies model for a sandy ephemeral stream and clay playa complex: the Middle Devonian Trentishoe Formation of North Devon, U. K. [J]. Sedimentology, 1984, 31: 697 – 715.

[89] KELLY S B, OLSEN H. Terminal fans—a review with reference to Devonian examples [J]. Sedimentary Geology, 1993, 85: 339 – 374.

[90] FISHER J A, NICHOLS G J, WALTHAM D A. Unconfined flow deposits in distal sectors of fluvial distributary systems: examples from the Miocene Luna and Huesca Systems, north Spain [J]. Sedimentary Geology, 2007, 195: 55 – 73.

[91] CAIN S A, MOUNTNEY N P. Spatial and temporal evolution of a terminal fluvial fan system: the Permian Organ Rock Formation, South-east Utah, USA [J]. Sedimentology, 2009, 56: 1774 – 1880.

[92] NICHOLS G J, FISHER J A. Processes, facies and architecture of fluvial distributary system deposits [J]. Sedimentary Geology, 2007, 195: 75 – 90.

[93] ABDULLATIF O M. Channel-fill and sheet-flood facies sequences in the ephemeral termianal River Gash, Kassala, Sudan [J]. Sedimentary Geology, 1989, 63: 171 – 184.

[94] SAEZ A, ANADON P, HERRERO M J, et al. Variable style of transition between Palaeogene fluvial fan and lacustrine systems, southern Pyrenean foreland, NE Spain [J]. Sedimentology, 2007, 54: 367 – 390.

[95] HAMPTON B A, HORTON B K. Sheetflow fluvial processes in a rapidly subsiding basin, Altiplano plateau, Bolivia [J]. Sedimentology, 2007, 54: 1121 – 1147.

[96] 渠洪杰, 胡健民, 李玮, 等. 新疆西北部和什托洛盖盆地早中生代沉积特征及构造演化 [J]. 地质学报, 2008, 82 (4): 441 – 449.

[97] 胡杨, 郭峰, 刘见宝, 等. 和什托洛盖盆地构造演化及油气成藏条件 [J]. 西南石油大学学报 (自然科学版), 2011, 33 (5): 68 – 74.

[98] 孙自明. 新疆西北部和什托洛盖盆地构造演化与后期走滑-冲断改造 [J]. 西北地质, 2015, 48 (2): 150 – 157.

[99] 马宝军, 曾文光, 于福生, 等. 新疆北缘和什托洛盖盆地构造与含油气远景 [J]. 新疆石油地质, 2009, 30 (1): 13 – 16.

[100] 胡杨, 夏斌, 郭峰, 等. 新疆和什托洛盖盆地构造演化特征及其对油气成藏的影响 [J]. 地质与资源, 2012, 21 (4): 380 – 385.

[101] 龚一鸣, 纵瑞文. 西准噶尔古生代地层区划及古地理演化 [J]. 地球科学—中国地质大学学报, 2015, 40 (3): 461 – 478.

[102] SHEN P, PAN H D, SHEN Y C, et al. Main deposit styles and associated tectonics of the West Junggar region, NW China [J]. Geoscience Frontiers, 2015, 6: 175 – 190.

[103] 谢富仁，崔效锋，赵建涛，等. 中国大陆及邻区现代构造应力场分区 [J]. 地球物理学报，2004，47（4）：654-661.

[104] 王继，俞言祥，龚飞，等. 中国西部地震动衰减关系的适用性分析—以部分新疆地震为例 [J]. 中国地震，2008，24（2）：126-132.

[105] 冉玲，朱海红，阿依努尔·孜牙别克. 1962—2007年新疆塔城白杨河流域气候变化对水文情势的影响 [J]. 冰川冻土，2010，32（5）：921-926.

[106] 闫培锋，周华荣，刘宏霞. 白杨河—艾里克湖湿地土壤理化性质的空间分布特征 [J]. 干旱区研究，2008，25（3）：406-411.

[107] 杨龙奎，朴民子. 白杨河流域水资源特性分析 [J]. 吉林水利，2011，8：11-15.

[108] 阿依夏，陈艺. 白杨河流域水文特性分析研究 [J]. 水资源研究，2012，33（4）：13-15.

[109] 吕辉河. 新疆西准噶尔白杨河流域地貌特征及演化分析 [D]. 山东：鲁东大学，2013：22-23.

[110] 李晓红. 和什托洛盖盆地水文地质特征及铀成矿远景 [J]. 新疆地质，2008，26（2）：180-183.

[111] ZHOU T F, YUAN F, FAN Y, et al. Granites in the Saur region of the west Junggar, Xinjiang Province, China: geochronological and geochemical characteristics and their geodynamic significance [J]. Lithos, 2008, 106: 191-206.

[112] 于兴河，王德发，郑浚茂. 华北地区二叠系岩相组合类型、剖面特点及沉积体系 [J]. 沉积学报，1992，10（1）：27-34.

[113] 张志杰，王李伟，杨家静，等. 川中广安地区上三叠统须家河组岩相组合与沉积特征 [J]. 地学前缘，2009，16（1）：296-304.

[114] MAJOR J J. Depositional processes in large-scale debris-flow experiments [J]. The journal of Geology, 1997, 105（3）: 345-366.

[115] JOHNSON C G, KOKELAAR B P, IVERSON R M, et al. Grain-size segregation and levee formation in geophysical mass flows [J]. Journal of Geophysical Research, 2012, 117: F01032.

[116] DE HAAS T, BRAAT L, JASPER R F W, et al. Effects of debris flow composition on runout, depositional mechanisms, and deposit morphology in laboratory experiments [J]. Journal of Geophysical Research: Earth Surface, 2015, 120: 1-22.

[117] DECELLES P G, GRAY M B, RIDGWAY K D, et al. Controls on synorogenic alluvial-fan architecture, Beartooth Conglomerate (Palaeocene), Wyoming and Montana [J]. Sedimentology, 1991, 38: 567-590.

[118] WENT D J. Pre-vegetation alluvial fan facies and processes: an example from the Cambro-Ordovician Rozel Conglomerate Formation, Jersey, Channel Islands [J]. Sedimentology, 2005, 52: 693-713.

[119] KALLMEIER E, BREITKREUZ E, KIERSNOWSKI C, et al. Issues associated with the distinction between climatic and tectonic controls on Permian alluvial fan deposits from the Kotzen and Barnim Basins (North German Basin) [J]. Sedimentary Geology, 2010, 223: 15-34.

[120] SCOTT P F, ERSKINE W D. Scour and fill in Tujunga Wash-a fanhead valley in Urban California [J]. US Geological Survey Professional Paper, 1973, 750C: C242-247.

[121] WELLS S G, HARVEY A M. Sedimentologic and geomorphic variations in storm generated alluvial fans, Howgill Fells, northwest England [J]. Geological Society of America Bulletin, 1987, 98: 182-198.

[122] SOHN Y K. On traction-carpet sedimentation [J]. Journal of Sedimentary Research, 1997, 67: 502 - 509.

[123] ANTRONICO L, GRECO R, ROBUSTELLI G, et al. Short-term evolution of an active basin-fan system, Aspromonte, south Italy [J]. Geomorphology, 2015, 228: 536 - 551.

[124] 张纪易. 粗碎屑洪积扇的某些沉积特征和微相划分 [J]. 沉积学报, 1985, 3 (3): 75 - 83.

[125] ALLEN P A. Sediments and processes on a small stream-flow dominated, Devonian alluvial fan, Shetland Islands [J]. Sedimentary Geology, 1981, 29: 31 - 66.

[126] MIALL A D. The geology of fluvial deposits: sedimentary facies, basin analysis and petroleum geology [M]. Heidelberg, Springer, 1996: 570 - 582.

[127] OLSEN H. Ancient ephemeral stream deposits: a local terminal fan model from the Bunter Sandstone Formation (L. Triassic) in the Tonder - 3, - 4 and - 5 wells, Denmark [J]. Geological Society Special Publication, 1987, 35: 69 - 86.

[128] TODD S P. Stream-driven, high-density gravelly traction carpets: possible deposits in the Trabeg Conglomerate Formation, SW Ireland and theoretical considerations of their origin [J]. Sedimentology, 1989, 36: 513 - 530.

[129] SURESH N, BAGATI T N, KUMAR R, THAKUR V C. Evolution of Quaternary alluvial fans and terraces in the intramontane Pinjaur Dun, Sub-Himalaya, NW India: interaction between tectonics and climate change [J]. Sedimentology, 2007, 54: 809 - 833.

[130] SHUKLA U K. Sedimentation model of gravel-dominated alluvial piedmont fan, Ganga Plain, India [J]. International Journal of Earth Sciences, 2009, 98: 443 - 459.

[131] PLINK-BJÖRKLUND P. Morphodynamics of rivers strongly affected by monsoon precipitation: Review of depositional style and forcing factors [J]. Sedimentary Geology, 2015, 323: 110 - 147.

[132] BRIDGE J S, BEST J L. Flow, sediment transport and bedform dynamics over the transition from dunes to upper-stage plane beds: implications for the formation of planar laminae [J]. Sedimentology, 1988, 35: 753 - 763.

[133] ORI G G. Braided to meandering channel patterns in humid-region alluvial fan deposits, River Reno, Po Plain (northern Italy) [J]. Sedimentary Geology, 1982, 31: 231 - 248.

[134] WATERS J V, JONES S J, Armstrong H A. Climatic controls on late Pleistocene alluvial fans, Cyprus [J]. Geomorphology, 2010, 115: 228 - 251.

[135] RIDGWAY K D, DECELLES P G. Stream-dominated alluvial fan and lacustrine depositional system in Cenozoic strike-slip basins, Denali fault system, Yukon Territory, Canada [J]. Sedimentology, 1993, 40: 645 - 666.

[136] MORETTI M, BARI U, TROPEANO M, et al. Late Pleistocene soft-sediment deformation structures interpreted as seismites in paralic deposits in the city of Bari (Apulian foreland, southern Italy) [J]. Geological Society of America Special Paper, 2002, 359: 75 - 85.

[137] 田成, 乐昌硕, 张瑞锡, 等. 湖南石门中、下三叠统碳酸盐岩岩相组合及其沉积环境研究 [J]. 地球科学, 1997, 22 (3): 300 - 304.

[138] SIMONS D B, RICHARDSON E V. Resistance to flow in alluvial channels [J]. U. S. Geological Survey Professional Paper, 1966, 422.

［139］ BLAIR T C, MCPHERSON J G. Alluvial fans and their natural distinction from rivers based on morphology, hydraulic processes, sedimentary processes, and facies ［J］. Journal of Sedimentary Research, 1994, A64: 451 – 490.

［140］ MIALL A D. Fluvial Depositional Systems ［M］. Switzerland, Springer, 2014: 24.

［141］ GIBLING M R, RUST B R. Ribbon sandstones in the Pennsylvanian Waddens Cove Formation, Sydney Basin, Atlantic Canda: the influence of siliceous duricrusts on channel-body geometry ［J］. Sedimentology, 1990, 37: 45 – 65.

［142］ FRIEND P F, SLATER M J, WILLIAMS R C. Vertical and lateral building of river sandstone bodies, Ebro Basin, Spain ［J］. Journal of the geological society, 1979, 136: 39 – 46.

［143］ REITZ M D, JEROLMACK D J. Experimental alluvial fan evolution: Channel dynamics, slope controls, and shoreling growth ［J］. Journal of Geophysical Research, 2012, 117: F02021.

［144］ HOLBROOK J M, BHATTACHARYA J P. Reappraisal of the sequence boundary in time and space: case and considerations for an SU (Subaerial Unconformity) that is not a sediment bypass surface, a time barrier, or unconformity ［J］. Earth-Science Reviews, 2012, 113: 271 – 302.

［145］ LI Y Y, BHATTACHARYA J P. Facies-architecture study of a stepped, forced regressive compound incised valley in the Ferron Botom Delta, Southern Central Utah, U. S. A. ［J］. Journal of Sedimentary Research, 2013, 83: 206 – 225.

［146］ HEWARD A P. Alluvial fan and lacustrine sediments from the Stephanian A and B (La Magdalena, Cinera-Matallana and Sabero) coalfields, northern Spain ［J］. Sedimentology, 1978, 25: 451 – 488.

［147］ GIBLING M R. Width and thickness of fluvial channel bodies and valley fills in the geological record: a literature compilation and classification ［J］. Journal of Sedimentary Research, 2006, 76: 731 – 770.

［148］ BLAIR T C, CLARK J C, WELLS S G. Quaternary stratigraphy, landscape evolution, and application to archeology: Jarilla piedmont and basin floor, White Sands Missile Range, New Mexico ［J］. Geological Society of America Bulletin, 1990, 102: 749 – 759.

［149］ HILLIER R D, WATERS R A, MARRIOTT S B. Alluvial fan and wetland interactions: evidence of seasonal slope wetlands from the Silurian of south central Wales, UK ［J］. Sedimentology, 2011, 58: 831 – 853.

［150］ PARKER B G, MEMBER A S C E, PAOLA C, et al. Alluvial fans formed by channelized fluvial and sheet flow. I: Theory ［J］. Journal of Hydraulic Engineering, 1998, 124 (10): 985 – 995.

［151］ TRENDELL A M, ATCHLEY S C, NORDT L C. Facies analysis of a probable large-fluvial-fan depositional system: the Upper Triassic Chinle Formation at Petrified Forest National Park, Arizona, U. S. A. ［J］. Journal of Sedimentary Research, 2013, 83: 873 – 895.

［152］ MUKERJI A B. Geomorphic patterns and processes in the terminal tract of inland streams in Sutlej-Yamuna plain ［J］. Journal of Geological Society of India, 1975, 16: 450 – 459.

［153］ SCOTT P F, ERSKINE W D. Geomorphic effects of a large flood on fluvial fans. Earth Surface Processes and Landforms ［J］, 1994, 19: 95 – 108.

［154］ FIELD J. Channel avulsion on alluvial fans in southern Arizona ［J］. Geomorphology, 2001, 37: 93 – 104.

［155］ NICHOLS G, Thompson B. Bedrock lithology control on contemporaneous alluvial fan facies, Oligo – Miocene, southern Pyrenees, Spain [J]. Sedimentology, 2005, 52: 571 – 585.

[156] BLAIR T C. Cause of dominance by sheetflood vs. debris-flow processes on two adjoining alluvial fans, Death Valley, California [J]. Sedimentology, 1999, 46: 1015 – 1028.

[157] JONES S J, ARZANI N, ALLEN M B. Tectonic and climatic controls on fan systems: the Kohrud mountain belt, Central Iran [J]. Sedimentary Geology, 2014, 302: 29 – 43.

[158] KALLMEIER E, BREITKREUZ C, KIERSNOWSKI H, et al. Issues associated with the distinction between climatic and tectonic controls on Permian alluvial fan deposits from the Kotzen and Barnim Basins (North German Basin) [J]. Sedimentary Geology, 2010, 223: 15 – 34.

[159] LUZON A. Oligocene-Miocene alluvial sedimentation in the northern Ebro Basin, NE Spain: Tectonic control and palaeogeographical evolution [J]. Sedimentary Geology, 2005, 177: 19 – 39.

[160] HARVEY A M. The role of base-level change in the dissection of alluvial fans: case studies from southeast Spain and Nevada [J]. Geomorphology, 2002, 45: 67 – 87.

[161] HORNUNG J, PFLANZ D, HECHLER A, et al. 3-D architecture, depositional patterns and climate triggered sediment fluxes of an alpine alluvial fan (Samedan, Switzerland) [J]. Geomorphology, 2010, 115: 202 – 214.

[162] NICHOLS G J. Endorheic Basins. In: Tectonics of Sedimentary Basins: Recent Advances (M), Oxford, Wiley Blackwell, 2012: 621 – 632.

[163] FROSTICK L E, STEEL R J. Tectonic signatures in sedimentary basin fills: an overview [J]. International Association of Sedimentology Special Publication, 1993, 20: 1 – 9.

[164] WHIPPLE K X, PARKES G, PAOLA C, et al. Channel dynamics, sediment transport and the shape of alluvial fans: experimental study [J]. Journal of Geology, 1998, 106: 677 – 693.

[165] BOOTHROYD J C, ASHLEY G M. Glacio-fluvial and Glaciolacustrine Sedimentation [M]. Canada, Society of Economic Paleontologists and Mineralogists Special Publication. , 1975, 23: 193 – 222.

[166] ASSINE M L, CORRADINI F A, PUPIM F D N, et al. Channel arrangements and depositional styles in the São Lourenço fluvial megafan, Brazilian Pantanal wetland [J]. Sedimentary Geology, 2014, 301: 172 – 184.

[167] ROSSETTI D F, ZANI H, COHEN M C L, et al. A Late Pleistocene-Holocene wetland megafan in the Brazilian Amazonia [J]. Sedimentary Geology, 2012, 282: 276 – 293.

[168] ERIKSSON K A, VOS R G. A fluvial fan depositional model for middle Proterozoic red beds from the Waterberg Group, South Africa [J]. Precambrian Research, 1979, 9: 169 – 188.

[169] LATRUBESSE E M. Large rivers, megafans and other Quaternary avulsive fluvial systems: A potential "who's who" in the geological record [J]. Earth-Science Reviews, 2015, 146: 1 – 30.

[170] WOLMAN M G, Gerson R. Relative scales of time and effectiveness of climate in watershed geomorphology [J]. Earth Surface Processes, 1978, 3: 189 – 208.

[171] POPE R J J and WILKINSON K N. Reconciling the roles of climate and tectonics in Late Quaternary fan development on the Sparta piedmont, Greece [J]. Geological Society of London Special Publication, 2005, 251: 133 – 152.

[172] HARVEY A M. The influence of sedimentary style on the morphology and development of, luvial fans [J]. Israel Journal of Earth Sciences, 1992, 41: 123 – 137.